大人のための
自転車入門

丹羽隆志 *niwa takashi*　中村博司 *nakamura hiroshi*

日本経済新聞社

はじめに

ここ15年ほどで、自転車の性能は格段によくなった。「より速く」に加えて「より楽しく」が、近年の自転車進化の傾向だと思う。ハンドルを握ったまま変速できるのがいい例だ。

また、この数年で自転車に乗る人が格段に増えたことを実感する。休日の都心や、川沿いのサイクリングロードなどに出かけると、スポーツサイクルの愛好者はこんなにも多いのかと、驚くばかりだ。その多くは、30歳代後半から50歳代だろう。

ふた昔以上前、自転車といえば中学生か高校生が熱中し、やがて年とともにモーターサイクル、そして自動車へと移行するものだった。

今の30歳代後半から50歳代の愛好者は違う。ライフスタイルが出来上がった中で、長く、無理なく続けられるスポーツとしての自転車を選んでいる。「気持ちいい」「健康になった」「環境にもいい」と多くの人が口を揃え、そして長続きしている。

日本にも生活に根ざしたスポーツサイクルが普及してきたのだと嬉しくなる。

本書はそんな素晴らしいスポーツサイクルの入門書となるべく、自転車博物館・中村博司さん（1章「自転車と健康」、6章「自転車と環境」を担当）の力を借りて、書き下ろしたものだ。

本書の狙いとする楽しみ方は、オンロードの１００kmを、なるべく頻繁に走ってみようというものだ。尻込みする距離かもしれないが、いろいろなテクニック、コツを取り入れたら、特別な人だけの世界ではない。

手軽にライフスタイルに組み込みやすく、健康的で、環境にもやさしいスポーツサイクル。多くの人に、この爽快感を味わっていただけたら幸いだ。

やまみちアドベンチャー

２００５年８月

丹羽隆志

目次

はじめに　1

1　自転車と健康　9

健康寿命を延ばし、生活の質を向上させよう　10
生活習慣病の予防　14
エアロビクス効果　18
コラム　有酸素運動効果の高い自転車運動　21
基礎代謝量の減少が肥満を生む　22
競技スポーツは健康によくない　26
コラム　自転車の歴史を自転車博物館に見る　29
自転車運動の特長　30

関節にやさしい運動　34
汗を上手にかこう　38
紫外線とその対策　42
コラム　自転車散歩　45
シェイプアップ　46
ストレスをコントロール　48
コラム　自由になるための自転車　51
マルチタスクで頭脳を活性化　52
活性酸素とその対策　54
2　―0km―　自転車について知ろう（自転車と用品の基礎知識）　57
自転車は人に優しく進化中　58

スポーツサイクルとは何か？　60
スポーツサイクルの種類　64
購入アドバイス　70
パーツのタイプ比較　74
揃えたいプロテクタ・アクセサリ　80
ウエア　83
必要な工具　85

コラム　自転車はお尻が痛くなるもの？　88

3　―20km―　まずは近くを走ってみよう　89

買い物用自転車でも走れるのだ　90
プランニング　92

自転車を運ぶ　96
ゲーム感覚でバランスの練習　100
自転車走行のルール　102
自転車の自己防衛　104
コラム　交通事故の加害者・被害者になったら　108

4 本格サイクリングの世界へ ―50 km― 109

50 kmという距離　110
50 kmのプランニング　112
情報収集　114
適正ポジション　118
走行前点検　122

ベーシックメンテナンス　128

コラム　パンクの原因　136

基本ライディング　138

シフティング（変速）　142

ペダリング　144

自転車の楽しみを長続きさせるために　146

5　目指せ100km!　151

遠くを目指す魅力　152

ペダリングのスキル　156

走行状況を数値で知る　162

上りを楽しく　166

コラム　安全に走るために　169
下りとコーナーリング　170
集団走行　172
走行前後の体のケア　174
走行中の体のケア　178
食生活とエネルギー補給　184

6 自転車と環境　189

自転車は環境保全の切り札　190
自転車王国オランダでは　193
自転車を活用した街づくり　196
日本独自の自転車文化の創造　199
自転車通勤ライフ　202

装幀　渡辺弘之

1.自転車と健康

健康寿命を延ばし、生活の質を向上させよう

生きがいのある人生を送るためには、生きるための明確な目標が必要だ。同時に、短命と知的・身体的障害を予防し生活の質を高めることが大事だが、それを妨げる疾患のひとつが生活習慣病だ。

生活習慣病（糖尿病、高脂血症、高血圧など）を引き起こす大きな要因は肥満である。生活習慣病が進めば、動脈硬化を招き、狭心症、心筋梗塞、脳梗塞は、後遺症を起こしたり命を危うくする。今では「肥満でも健康ならよい」ではなく「肥満は生活習慣病の温床」と考えられている。

肥満は体脂肪率でみる

肥満の判定には広くＢＭＩ＝体重（kg）÷［身長（m）×身長（m）］という指標が使われてきたが、ＢＭＩで普通体重の範囲内に収まっていれば、本当に大丈夫なのだろうか？

ＢＭＩはあくまで身長と体重の比率から肥満をチェックする方法だ。しかし肥満とは、単に体重が重いことではなく、体脂肪率が一定以上（男性25％、女性30％）の状態であることをい

BMIの算出方法

BMI［　　　］＝ 自分の体重［　　　］kg ÷（自分の身長［　　　］m × 自分の身長［　　　］m）

身長の単位はメートルなので、171cmの人は1.71になる。

BMIの判定基準（相撲や柔道などのスポーツ選手には当てはまらない）

やせている	18.5未満
正常域	18.5以上25未満
肥満	25以上

う。ＢＭＩでは普通体重であっても体脂肪率が一定以上の肥満（隠れ肥満）の人は少なくない。

　このタイプの人は、食事制限だけで運動をしないダイエットを行って失敗した人に多いそうだ。食事制限だけのダイエットでは筋肉が減る。そうした人が元の体重に戻ると、増えた体重のほとんどが体脂肪なので、体脂肪率は高くなる。

　年を取って体脂肪率が上がるのも、同様のメカニズムだ。運動不足が続くと確実に筋肉が減る。しかし若い頃より体重が増加していれば、それは体脂肪の増加と考えられるのだ。

　体脂肪の測定には、家庭用に体脂肪も測れる体重計が販売されているが、使うときは測る時刻と条件を一定にすると変化がわかりやすくなる。

運動のススメ

　生活習慣病の予防には、運動を生活習慣にして、全身の血液循環をよくし、心疾患の危険性を減少させるのがよい。運動は、高血圧や糖尿病・高脂血症・肥満・骨粗しょう症の予防にも効果があるし、楽しみながら運動できれば、リラクセーションやストレスへの対抗にも効果がある。

　代表的な運動はウオーキングだが、自転車運動は道路を走ることによる交通事故のリスクを除けば、ウオーキング以上に素晴らしい効果があると考えられる。

　ただし、大事なことは継続することである。継続することで、自転車は健康にも環境保全にも役に立つ。

自転車を楽しむ3つのポイント

　自転車に楽しく乗ることは大切なことだ。「健康や環境保全のために我慢して自転車に乗る」では決して長続きするはずがない。自転車に楽しく乗るためには3つのポイントがある。

①息の切れないペースを守る

　話はできても歌えないくらい

の運動強度（ニコニコペース、19ページ参照）で走る。この程度の運動が有酸素（エアロビクス）運動で、体内の脂肪をエネルギー源に使う。息を切らして走るのは無酸素（アネロビクス）運動で、体内のグリコーゲンを使う。この運動は短時間しか持続できず、また激しい運動強度なので体を痛めることがある。

②自動車が少ない道を選ぶ

自動車が多い道は常に車に注意しなければならず、安心して走れない。一方通行など車が通りにくい道は交通量が少ない。公園内や、川沿い、線路沿いの道も、車が横から出てくる心配が少なく、比較的走りやすい。

③お気に入りの自転車を買う

・使用目的にあった自転車を購入する。車が入ってこない河川敷を走るならMTB（マウンテンバイク）。通学・通勤なら雨の日も乗るので泥除けやライトのついた自転車。

・リッチな気分が味わえて、他人から「いい自転車ですね」と言ってもらえるものを買う。良い自転車を買うと乗りたくなるものだ。

・自動車ではなく自転車に乗ることは、地球環境を守ることであり、自分の健康に役立つことだ。自分へのごほうびとして良い自転車を買おう。

＊

自転車は健康にも環境保全にも役立つ乗り物だが、自転車運動は継続してこそ効果がある。

自転車ライフの目的が生活習慣病の予防であっても、忘れてならないのが日常生活の質的向上だ。毎日の適度な運動で、心肺機能がよくなり筋力も向上するので、日常の階段の上り下りが苦にならない。足腰がしっかりしていれば旅行も楽しくなり、自転車でカロリー消費できると思えば、おいしいものにも気兼ねなく手を出せる。

美容上の効果としては、皮下脂肪の減少とお尻の筋肉使用によるヒップアップ効果がある。

運動の効果

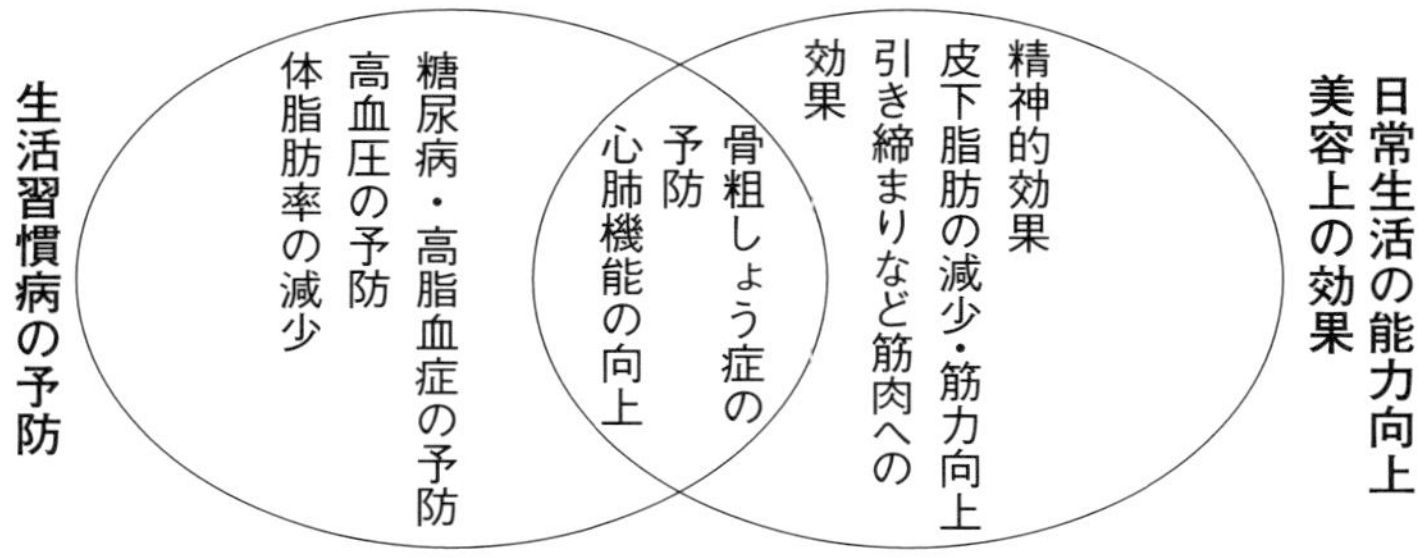

体脂肪を増やす生活習慣

(1) 朝食を抜くなど、不規則な生活習慣。

(2) 早食い。早く食べると、満腹感が遅れて出るので食べ過ぎる。

(3) 野菜嫌い。食物繊維は低カロリーで、腹持ちもよい。

(4) 油を使う料理を好む。油分が摂取カロリーを増やす。

(5) 運動不足。車やエレベーターの使用など歩かない生活習慣。

生活習慣病の予防

日本人に生活習慣病が増えたのは、食生活が欧米型に近づき高カロリー食品を摂るようになったことと、自動車、エスカレーターの普及などで歩く距離が減り、運動不足になったことに主な原因がある。

高カロリー食品(糖質、脂質)は体内に脂肪として蓄積され肥満が進行する。肥満は体脂肪率が高いということである。体脂肪には2種類ある。皮膚の下にある「皮下脂肪」と内臓の間や内臓の回りに付く「内臓脂肪」である。同じ脂肪でも、皮下脂肪より内臓脂肪の方が、生活習慣病につながりやすい。

X線CT(コンピュータ断層撮影)でのへその高さで輪切りにした画像で、内臓脂肪の面積が一〇〇㎠だと、内臓脂肪型肥満と診断される。手軽に判定する方法としては、ウエストを測る方法がある。直立した姿勢で、軽く息を吐いて、おへその高さでウエストを測るのだ。男性なら85㎝以上、女性なら90㎝以上あれば、内臓脂肪が多い可能性が高い。

怖い糖尿病

糖尿病は生活習慣病の代表である。通常の健康診断では、糖尿病を調べるのに「空腹時血糖検査」が行われる。しかし、その検査に引っかからなくても安心できない。正常と診断されるのは、空腹時とブドウ糖負荷試験2時間値の両方が正常域の場合だ。

糖尿病が怖い点は高血糖の状態が続くと合併症が進むことだ。合併症には、糖尿病性網膜症がある。細い血管が膨れたり閉塞したり、破れたりして網膜などに異常が出る。成人の失明の第1位は糖尿病性網膜症だ。

腎症も合併症の例で、進行す

内臓脂肪が多いかどうか推定する方法

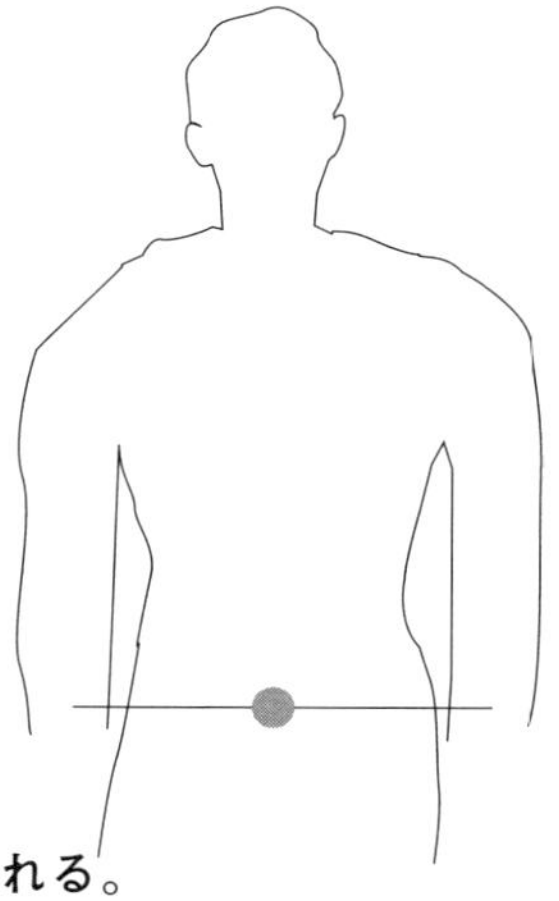

1.ウエストを測る

脚をそろえて立ち、腕は体の側に
自然にたらした姿勢をとる。
息を軽く吐いた状態で、
へその高さで
水平にメジャーを当てて測る。
(通常のウエストラインより
やや下になる)

男性　85cm以上なら内臓脂肪が多いと考えられる。

女性　90cm以上なら内臓脂肪が多いと考えられる。

2.皮下脂肪をつかむ

へその両脇を縦にギュッとつかんでみる。たっぷりつかめれば
皮下脂肪が多い。
つかめない人ほど内臓脂肪が多い可能性がある。

れば腎不全に陥り、血液透析が必要になる。日本で新たに血液透析が必要になる人の4割が糖尿病性腎症だ。

神経障害は、高血糖が続き、体内の余分なブドウ糖のために細胞の活動メカニズムが狂い、神経細胞の中にソルビトールという物質が蓄積されて神経が傷害されてしまうために起きる。

また、血行不良により神経細胞に必要な酸素や栄養が行きわたらないことも原因になる。手足のしびれや痛みから始まり、進行すると服を着たり脱いだりが激痛でできなくなり、足が壊疽することもある。

生活習慣病が進行しないように、

①家系に糖尿病患者がいる人
②現在太っている人、過去に太っていた人
③血圧が高い人
④糖尿病予備軍と診断された人

は、食事と運動の両面で日常生活の改善をしよう。

食事の改善

生活習慣病の予防＝食生活のダイエットと考えてはいけない。大事なことは健康な体を維持することだ。食べる量を減らすだけでは、必要な栄養素が不足して健康を失うことになり、失敗すると体脂肪率はさらに増加する。

①主食を必ず摂る

肥満の人は主食（炭水化物）を必ず摂ること。脂肪を燃やすためには炭水化物が必要なので、まったく摂らないのは逆効果だ。

②大豆製品と魚介類を多く摂る

肉類を減らし、大豆製品と魚介類の割合を多くする。どちらも動脈硬化を抑える食品である。

③肉の脂肪分は避ける

肉の脂肪に多い飽和脂肪酸は、カロリーが高いうえにインスリンの働きを悪くする。牛や豚はヒレ肉、鶏はささみや胸肉

体脂肪率による肥満判定規準の目安

	男性	女性
適正	30歳未満　14〜20％ 30歳以上　17〜23％	30歳未満　17〜24％ 30歳以上　20〜27％
軽度の肥満	25〜30％	30〜35％
肥満	30〜35％	35〜40％
極度の肥満	35％以上	40％以上

（東京慈恵会医科大学付属病院の臨床データによる）

を選ぼう。

④カロリーが低い海草やキノコを摂る

⑤野菜は毎食１００g以上摂る

野菜は生より軽く加熱したほうが多く食べられる。味噌汁に入れたり、鍋料理にして摂るなど工夫できる。

運動の改善

有酸素運動が生活習慣病の予防によいのは、筋肉を動かすからだ。筋肉を動かすにはエネルギー源として体内の糖質や脂質を分解する。酸素なしで分解すると、乳酸という疲労物質がたまって筋肉が十分動かなくなる。だから無酸素運動は長い時間継続できない。有酸素運動は長い時間持続できるので、多くの糖質・脂質を燃やすことができるのだ。

有酸素運動は生活習慣病の予防に有効なので、健康のために、有酸素運動を行い、

①ストレスの解消
②喫煙をやめる
③適正量の飲酒
④毎年の健康診断
⑤快適な睡眠
⑥歯の健康

を心がけてほしい。また運動によって筋肉量が増加すると、基礎代謝（安静時のエネルギー消費）量が上がり、太りにくい体になっていく。

エアロビクス効果

東京オリンピックで金メダルを獲得した女子バレーボールチーム「東洋の魔女」をご存じだろうか。「東洋の魔女」たちは激しい練習によって勝利を得た。これにより、東京オリンピック世代には、運動＝激しいトレーニングというイメージが定着している。しかし激しいトレーニングは常に怪我や過度の疲労による事故の危険があるので、筋力や疲労回復力が衰えた大人が始める運動とは一線を画すべきだ。

有酸素（エアロビクス）運動とは

そこで勧めるのは有酸素（エアロビクス）運動である。有酸素運動は１９６８年にアメリカのクーパー博士が提唱したもので、当初はアメリカ空軍パイロットの体力向上訓練プログラムとして開発されたようだ。

酸素を十分に摂取し、筋肉内に疲労物質の乳酸がたまらない程度の運動強度で行うのが特徴だ。

クーパー博士は有酸素運動を行うのに最適なスポーツとして「サイクリング」「ジョギング」「スイミング」を推奨していた。有酸素運動は20分以上継続して行うことが効果が大きいとされる。最近ではこの20分は何回かに分けて行っても効果があるという研究も発表されている。

話は変わるが、福岡大学病院が心筋梗塞の患者の危険因子を調べたところ、喫煙が一番多く、次が高血圧であった。家庭用血圧測定条件設定の指針では高血圧は１３５／８５以上で、正常血圧は１２５／８５未満とされる。

患者を運動するグループとしないグループに分けて10週間後に調べると、運動したグループは１６０以上だった値が１４５

有酸素運動と無酸素運動

	有酸素運動	無酸素運動
持続時間	長い	短い
消費エネルギー	長い時間できるので多い	短時間しかできないので少ない
ストレス、緊張	少ない	多い
運動後の血圧	大きく下がる	少し下がる
関節への負担	少ない力で行うので少ない	大きい力で行うので大きい

程度に低下したのだ。それも短時間に行う強度の高い無酸素（アネロビクス）運動ではなく、半分程度の強度の運動で十分な効果があったのだ。こうした非常に緩やかな運動を、福岡大学ではニコニコペース（歌は歌えないが会話はできる運動強度）と呼んでいる。これが有酸素（エアロビクス）運動である。

その効果は血圧の低下だけではない。運動をすると善玉コレステロールが増え、悪玉コレステロールが減るのだ。肥満や糖尿病にも有効で、ストレスの解消にも大変効果がある。有酸素運動はこのような動脈硬化の危険因子を改善してくれるので、脳卒中や心筋梗塞も防ぐことができる。

有酸素運動は、十分に酸素を摂取し、エネルギー消費が多いので、体内に蓄積され生活習慣病の原因である内臓脂肪が消費される。

エアロビクス効果

私達の体は200余の骨でできている。骨にくっついて体を動かす骨格筋という筋肉は、遅筋繊維といわれるエアロビック筋と速筋繊維といわれるアネロビック筋との2種類で構成されている。

エアロビック筋は主に糖質と脂肪をエネルギー源にし、アネ

成人の健康維持に適した運動とは

1. マイペースでできる運動
2. 一定時間（20分以上）継続できる運動
3. 筋肉や関節に負担の少ない運動
4. 勝敗を競わない運動
5. 緊張感やストレスの少ない運動

適した運動：サイクリング、ウォーキング
注意が必要な運動：ジョギング、水泳、ゴルフ、ダンスなど
適さない運動：球技、格闘技など、筋肉、関節、ストレスの負担が大きいもの

ロビック筋は糖質をエネルギー源にして働く。

筋グリコーゲンは蓄えられる量に限りがあり、激しい運動を行うとグリコーゲンは使い尽くされてしまう。そうなると、エアロビック筋は蓄積された脂肪を使って運動を継続する。

体内の脂質を燃やす有酸素運動は20分以上継続することが必要、という根拠は、このあたりから来ているように思われる。

さらに体内に豊富にある脂肪をエネルギーとするエアロビック筋を使う体質を作りあげることで、長時間運動することが可能になり、結果として体内の脂肪を効果的に使うことができる。

その結果、持久力は増す。また、体内貯蔵量が限られている糖質を節約できるため、血糖値が安定し、集中力も増すといわれている。

一方、アネロビック筋を使う運動は糖質を使うため、血糖値が激しく上下することにより、脳や神経系などが大きなストレスを受ける。

若い頃から慣れ親しんだスポーツがあり、充実感等が得られるならよいが、成人が健康維持を目的に運動を行う場合には、関節に衝撃や負担が大きいものを避け、エアロビック筋を主に使う運動でストレスの少ないものが、選択の目安になる。

コラム

有酸素運動効果の高い自転車運動

有酸素運動は酸素を十分に取り込み、蓄積された脂肪を効果的に燃焼させるのに有効な運動である。しかし、そのためには一定の強さの運動を持続しなければならない。

運動の強さの目安として用いられるのは、1分間に心臓が何回血液を送り出すかという心拍数である。自転車運動は、有酸素運動に適切な心拍数を維持するのにとても有効な手段である。

一定の運動強度を保ち続けると、動かしている筋肉によって生み出される熱で体温が上がる。その体温を下げる働きを汗がする。汗は蒸発するさいに気化熱を奪って体温を下げる。

汗の大部分は水であり、摂氏１００度の水が蒸発するときの気化熱は１グラムあたり５３９カロリーである。体重60キログラムの人が１リットルの汗をかくと体温を12度下げる効果があるといわれている。体温を下げる重要な方法は汗だけではない。呼気に含まれる水分と共に捨てられる熱量（蒸発熱）も無視できないと言われている。

自転車運動はそのスピードによって、常に風を受けるので汗が蒸発しやすい運動なのだ。

自転車運動では、大汗をかきながら苦しい運動をすることなく、汗の蒸発によって体温は適正に保たれる。そのため、必要な心拍数を保ちながら楽しく運動を継続できる。これが、自転車運動の最大のよさかもしれない。

ウオーキングと自転車運動の比較

ウオーキング	自転車運動
行動範囲が狭い	行動範囲は広い
カロリー消費は普通（20分あたり）	カロリー消費が多い（20分あたり）
（6.4㎞/時で80キロカロリー）	（20㎞／時で140キロカロリー）
（１分間に107m歩く）	（１分間に333m走る）
心拍数の維持が難しい	心拍数の維持が容易

基礎代謝量の減少が肥満を生む

学生時代はスポーツに打ち込んで、バランスの取れた体をもつ人も、社会人になり、結婚もするとおなかの回りが気になる年代を迎える。

個人差はかなりあるが、基本的に体重が増えたり減ったりするのは摂取エネルギーと消費エネルギーのバランスで決まる。たくさん食べた割に体を動かさなければ、食べ過ぎたエネルギーは脂肪として体内に蓄えられ体重が増加する。その反対なら体重は減少する。ただ「やせの大食い」という言葉があるように、過剰エネルギーを体内に蓄積しにくい体質など例外もある。

人間が消費するエネルギーの形

人間が消費するエネルギーは大きく3つに分けられる。

①基礎代謝

呼吸や体温を保つなど生存していくのに最低必要なエネルギー。これが通常の1日のエネルギー消費の7割を占める。

②生活活動代謝

体を動かすときに使うエネルギー。これは1日のエネルギー消費の2割を占める。

③体温生産

食べたり消化したりするのに使うエネルギー。これが残り1割を占める。

*

人間が消費するエネルギーの大部分は実は基礎代謝によって消費される。若い頃と同じ食生活をしていても「中年太り」が起こるのは、基礎代謝が年齢とともに下降するからだ。その原因の一つは筋肉量の減少によるものだと思われる。

20歳代の筋力を100とすると、30歳代ではそれほど変わりはないが、40歳代、50歳代になると急激に低下するというデータがある（左のグラフ）。50歳

加齢による腕力、背筋力、脚筋力の低下

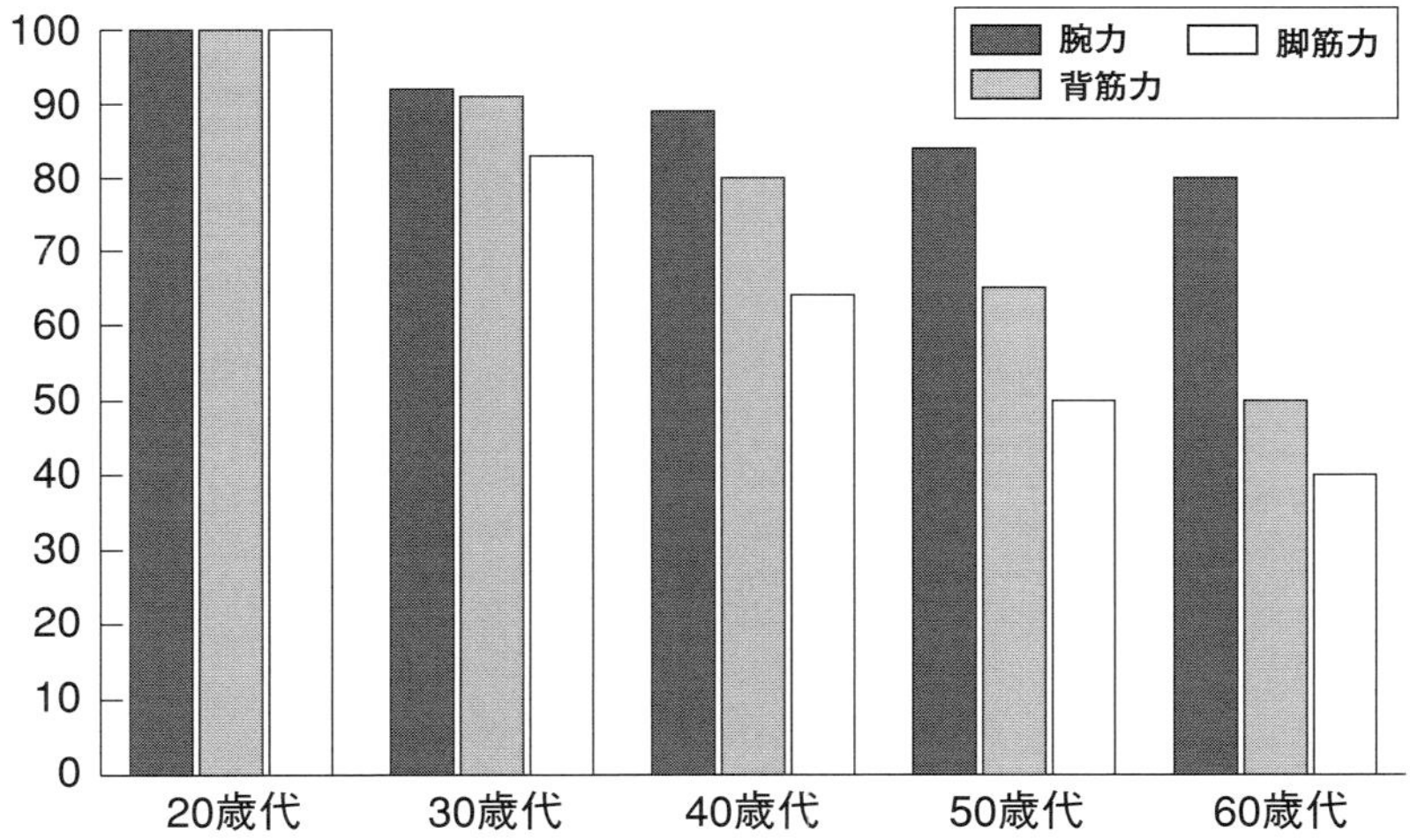

20歳代の腕力、背筋力、脚筋力を100として、各年代のものを比率で表した。3つの筋力は、どれも加齢とともに低下していくが、脚筋力の低下は著しい。「脚（あし）から老いていく」というのも、納得できる。中年以降になったら「あしの衰え」には気をつけよう。
出典：船渡和男「筋収縮力の成長・加齢」体育の科学38（6）.1988

代には、腕力は20歳代の80％以上を維持するが、背筋力は60％台に低下し、人間の筋肉の多くが集まる脚力に至っては50％にまで低下するのだ。

エネルギー消費については、男女とも20歳代に比べ40歳代は1日当たり約200キロカロリー少なくなる。つまりエネルギーを消費する筋肉組織の減少は、そのまま基礎代謝量の低下に密接に関係していると思われる。体の「老化」が進行すると基礎代謝量は低下するのだ。

自転車で太りにくい体作り

しかしこれを逆手にとることで、太りにくい体を作ることが

自転車運動における上り坂と下り坂

	上り坂	下り坂
エネルギー消費量	大きい	少ない
転倒などの危険度	少ない	大きい
基礎代謝量を増す筋肉量への効果	大きい	少ない
汗の量	多量	少量
自然とのふれあい	ゆっくり走るので景色や道端の草花を見ることができる	スピードが出るので景色を見る余裕は少ない

上半身の力をうまく使って全身の筋肉量を増加させれば、基礎代謝量が増え、太りにくい体になる。

できる。

自転車運動で主に使うのは下半身の筋肉である。人間のもつ最大の筋肉である太腿の筋肉を休みなく使うことで、エネルギー消費を増加させる。そして、コースに多少の坂道を組み込むことで、脚筋肉の量を増加させることができる。これにより基礎代謝量を増加させることができる。

坂道を上るときはハンドルを自分のおへそに向かって引きつけよう。そうすることで、握力、腕力、背筋力など全身の力でペダルを踏むことになり、自転車運動は全身の筋肉を使う全身運動に変わる。

ハンドルを引きつけるには、ハンドル位置がサドルと同じくらいの高さで、少し前傾姿勢になるような姿勢がよい。スポーツ用自転車を購入すればよいが、とりあえずは、使っている自転車のサドルを調整してもよい。

自転車に乗りなれていない人にとって、上り坂はつらいイメージが強い。しかし、軽いギアに変速すれば、ゆっくり登ることができ、坂もまた楽しく走れる。

多少息も切れるし、汗もかくがそれが有酸素運動をしている証でもある。長い坂道を上れば景色も最高だ。また、長い坂道を自分自身の力だけで上れたという自信と達成感が生まれる。走り終わった後には、おいしいビールや水が生きている喜びを教えてくれるというものだ。

走ることは筋肉量を増やし、太りにくい体を手に入れる確実な道順である。多くの人は体脂肪率を気にし、体脂肪を減らそうとする。しかし、体内の筋肉量を無理なく増やすことができれば、相対的に体脂肪率が下がることになる。筋肉量が増えれば基礎代謝量が増える。その結果、寝ている間にもカロリー消費が行われるので、食べても太りにくい体質を手に入れることができるというわけである。

筋肉量増加のメカニズム

人体は練習でダメージを受けると、回復しようとする。運動とは筋肉にダメージを与え、傷をつけることだ。傷ついた筋肉によって、運動した翌日に「筋肉痛」が起こる。傷ついた筋肉は衰えるが、運動が終われば回復を始め、筋繊維は太くなって、能力は上回る。これが筋肉の「超回復」なのである。「超回復」には2日かかるので休養も大事だ。ストレッチや血行をよくする入浴、マッサージなどは回復を早めるのに有効だ。また、筋肉を太くするたんぱく質は、運動後30分以内に摂取すると効果的だとされている。

競技スポーツは健康によくない

スポーツ選手の肉体は筋肉が盛り上がり、日焼けした肌は健康美にあふれている。オリンピックのメダルを獲得した選手を見るとそう思える。しかしスポーツをすると確実に寿命が伸びるというデータは存在しないようだ。

競技スポーツは、優勝することを目指してトレーニングを積み重ねる。トレーニングはその競技に適した体に改造していくことだともいえる。

トレーニングの結果、心臓肥大が起きてたくさんの血液を送り出せるようになり、脈拍は少なくなる。1990年代にツール・ド・フランスで5連勝したスペインのインデュライン選手の脈拍は30以下だったので有名だ。

激しいトレーニングによってこうした臓器になることは、レースを戦うには有利になるが、それだけ心臓が異常な方向に変化していることでもある。肉体を異常に改造してしまう危険性があることを知るべきだ。また、普通に呼吸していても2%の活性酸素ができるが、過度の運動をすると活性酸素が増加し、体に悪い影響を与える。

健康によい運動のしかた

では競技スポーツと健康を両立させることは無理なのだろうか? 両立させる実践法のひとつに「マフェトン理論」というものがある。

フィリップ・マフェトン氏は不健康なアスリートのあり方に疑問をもち、健康と競技力向上を両立させる新しい理論を確立した。彼は臨床医として、従来の健康方法で健康を損ない怪我や病気で選手生活を短くしてしまう例を見てきた。選手に対し臨床実験を行いデータを集めた博士が注目したのは心拍数で、次のことを科学的に証明した。

①心拍数の低い有酸素（エアロビクス）運動を続けることで循環器系、関節、筋肉などが健康な状況になっていく。

②有酸素運動によって発達した身体のシステムは、身体の全機能を正常に保つ働きをする。

③有酸素運動でのスピードが向上してくると運動能力が向上する。

④有酸素運動によって発達した身体のシステムは、大きな負荷を与える無酸素（アネロビクス）運動によるダメージを最小限に抑える役割を果たす。

心拍数で運動強度を測る

マフェトン理論によるメリットを簡単にいうと、「最適の有酸素運動によって、エアロビック筋を鍛えて脂肪を効果的に消費するシステムを築くこと」である。マフェトン理論によるトレーニングの方法は簡単だ。

各自の最適の練習レベルを設定するために最大エアロビック心拍数を求める方法として「180公式」を使う（次ページの表参照）。この方法では、最も適切な運動強度を心拍数から知る。その結果、練習を行う人の健康状態や競技能力に合ったトレーニング強度がわかるのである。心拍数は、アラーム機能やメモリー機能をもつハートトレートモニタ（心拍計）を使うことで運動を行いながら確認できる。

自分のコンディションが把握できない人は、低めの心拍数から始めるなど、無理のないスケジュールを立てることが、体の故障や事故を防ぐのに役立つ。

疲労回復にクールダウン

運動生理学のフォックス氏は疲労困憊の後で軽い運動をしたグループと、安静にしたグループの2つについて血中乳酸除去の様子を調べたところ、歩行や

180公式（最大エアロビック心拍数の求め方）

A	2年以上の間、順調にトレーニングができており、競技やMAFテストの成績が伸びているような状態。	180ー年齢＋5
B	過去2年間、風邪をひいたのは1度か2度で、大きな問題もなく、トレーニングもできているような状態。	180ー年齢
C	競技やMAFテストの成績が伸び悩んでいて、よく風邪をひいたり、故障や怪我を繰り返しているような状態。	180ー年齢ー5
D	病気にかかっていたり、治ったばかり、手術したばかり、退院したばかり、もしくは投薬中のような状態。	180ー年齢ー10以上

CやDの人は担当医と相談してからトレーニングをはじめてください。
MAF（マキシム・エアロビック・ファンクション）テスト：最大エアロビック心拍数で出せる最大スピードの測定。

ジョギングなどの軽い運動をする方が、安静状態のままでいるよりも乳酸除去のスピードが速いという結果が出た。

何もせず安静にしている場合の乳酸の半減時間は25分であるのに対し、軽い運動をしたときは11分にすぎなかった。

また血中の乳酸を完全除去するには、安静のままだと3時間かかるのに対し、軽い運動をすると1時間以内ですむことがわかった。

つまり、疲労したあとで軽い運動をすると、マッサージや入浴と同じように末梢循環の血行が促進され、疲労回復が早まるのである。

コラム

自転車の歴史を自転車博物館に見る

世界で最初の自転車は、いつ、どこで作られたか知っているだろうか？

その誕生は１８１８年、木製でペダルやチェーンはなく、足で地面を蹴って進んだ。その後、車輪の軸にペダルが付き、チェーンが登場し、次第に現在の姿に近づいていく。

性能の向上した自転車は世界各地で運搬や移動に活躍、１８９６年の自転車生産はアメリカだけで２００万台に達するが、クルマの普及により、その地位を譲ることになる。だがその後もスポーツの道具として時代の最先端技術を投入され、発展し続けてきた。

歴史的な自転車を、常時約50台展示している

さて日本ではというと、明治の初期に初めて輸入され、普及した。その修理や部品交換の需要に応えることができたのが、戦国時代から鉄砲鍛冶によって培われてきた、大阪・堺の金属加工の技術だったのだ。現在も堺は全国で生産される自転車の4割を生産、自転車の町という顔ももっている。

その堺の仁徳陵の南にあるのが、自転車博物館だ。クラシック自転車から最新のアテネオリンピック出場選手の自転車、ツール・ド・フランスなど世界の有名レースの優勝自転車等を見ることができる。また、健康や環境保全を訴える展示や自転車の仕組みをわかりやすく体験するコーナーなどもあり、大人から子供まで、好奇心をかき立てられる内容となっている。

《自転車博物館》ＪＲ阪和線・百舌鳥駅より大仙公園沿いに徒歩10分／開館時間 10：30〜16：30／休館日月曜・祝日の翌日・年末年始／入場料 大人３００円／ＴＥＬ０７２―２４３―３１９６

自転車運動の特長

自転車運動には他の運動にはない、次のような特長がある。

①他の運動に比べ安全である

自転車運動は座って行う。自分の体重を支えてもらっているので、路面のショックが関節にかからない。またサドルに座ってペダルを動かすだけなので、足の動きが一定方向にだけ動き、不規則な運動をしない。つまり関節をくじいたりする可能性がない。

②運動量が多い

人間の筋肉の多くが脚に集中している。この脚を休みなく動かし続けるのが自転車運動である。また、ハンドルを引きつけるスポーツ的な走り方をすれば、手、腕、背筋などを使う全身運動になり、エネルギー消費は増える。世界最高の自転車レース、ツール・ド・フランスでは、選手は毎日１万２０００キロカロリーと水を10リットル消費するといわれている。これだけのエネルギー消費をするスポーツは他にない。

③楽して高い効果が得られる。

生活習慣病の予防に有酸素運動が効果的である。有酸素運動はニコニコペースで運動し、心拍数を一定レベルに維持することが望ましい。しかしウオーキングでは暖かい時期は汗だくになってしまう。自転車は空冷効果により、楽に心拍数を一定レベルに維持できる。

④マルチタスク運動である。

自転車に乗ることは高度な技術を要する。人間は１歳で歩けても自転車には４～５歳にならないと乗れない。

・自転車のバランスを保つ
・ペダルを回す
・前方を見て状況を判断して安全な進路にハンドルを切る
・場合によってブレーキをかけ

る

・坂道において変速機を操作する

自転車で一般の道路を走るにはその他に信号・周りの自動車の動きと右折信号・路上駐車・路上の穴や空き缶にも注意を払う必要がある。

こうした多数の情報を瞬時に判断し、安全に、快適に走り続けるための活動が必要だ。これは脳を活性化させる多くの要素を含んでいるといえる。

⑤ライフスタイルに組み込みやすい

日常生活で自転車に乗って通勤・通学・買い物を行えば、特別に時間を作らなくても運動できる。都会では、渋滞や駐車に要する時間を考えれば、車を使っているときより時間を生み出す可能性すらある。

⑥気分転換に役立つ

自転車は数あるスポーツの中で最も移動距離が長いスポーツである。ウオーキングの5倍、ジョギングの2～3倍は移動する。それによって景色に変化が生まれる。また、自分の好きな時間に1人だけでも始めることができるし、好きなときに終わることもできる。そういう意味で自転車は自由になれる道具だともいえる。誰に気兼ねもなく、自分の意思だけで行えるので、気分転換に有効なスポーツだといえる。

⑦自転車スポーツは世界のメジャースポーツ

自転車競技は第1回近代オリンピックから正式種目であり、ツール・ド・フランスはオリンピック、サッカーワールドカップと並び世界3大スポーツと呼ばれる。ツール・ド・フランスで優勝したランス・アームストラング選手はタイガー・ウッズ（ゴルフ）やバリー・ボンズ（野球）を抑え、アメリカの最優秀スポーツ選手に選ばれている。競技やサイクリングが趣味であれば、ビジネスや生活の場で外国人ともコミュニケーションを促進することができる。

自転車運動でのデメリットをあえて考えてみると、次のようなものだろう。

①スポーツの道具として考えれば、購入と定期的にメンテナンスをする必要がある。

②高価な道具なので、盗難を防ぐため安全な保管場所が必要である。

③公道を走ることが多いので、交通事故に遭う可能性は否定できない。交通ルールを守り、細心の注意を払って走る必要がある。

④アウト・ドア・スポーツなので、雨・風・暑さ・寒さの影響を大きく受ける。

いろいろなスポーツのカロリー消費量（20分あたり）

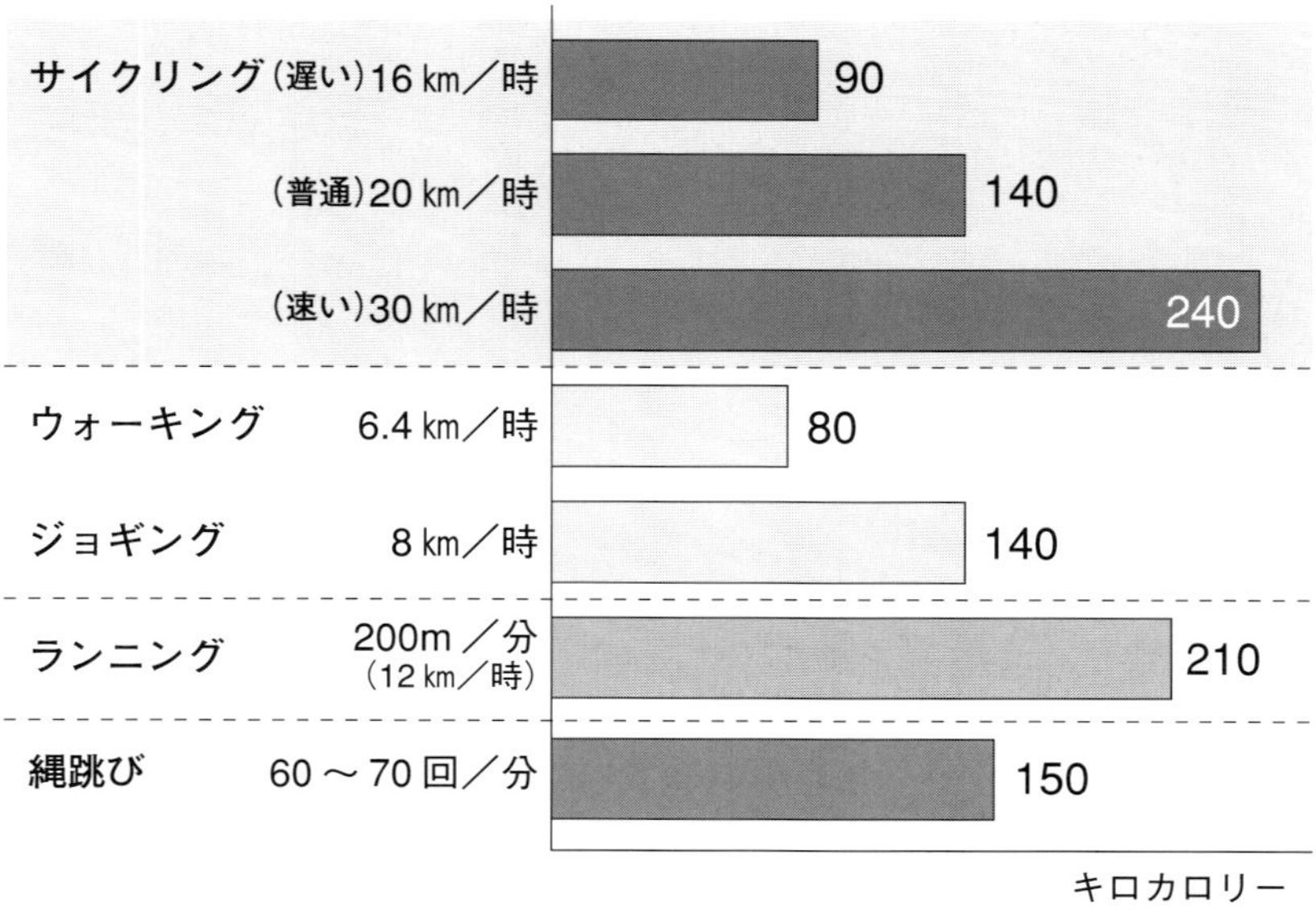

自転車運動の特長

運動量が大
体の中の一番大きな脚の筋肉を動かし続ける。

安全
サドルに座り、ペダルを一定方向に回すだけの運動

気分転換
自由に好きな時間に行なうことができるので、ストレスのコントロールに役立つ。

楽な運動
ニコニコペースで続けると、風が吹き出た汗を蒸発させ、空冷効果で楽しみながら運動できる。

生活に組み込みやすい
通勤、通学、買い物など、必要な生活時間を運動時間に変えやすい。

脳を鍛える
自転車を安全に走らせるには、路面や周りの状況を常に把握し、いろいろな判断を瞬時に行う必要がある。

関節にやさしい運動

変形性関節症という病気が増えている。この病気は、膝や指などの関節にある軟骨が加齢などによってすりへってしまい炎症を起こして痛むものだ。

　この軟骨は特別な組織で、神経も血管もなく軟骨細胞の入れ替わりも少ない。成分の70％が水で、その間に軟骨細胞があり、軟骨の強度を守るコラーゲンなどを作っている。加齢やホルモンの変化で軟骨細胞の働きが悪くなり、コラーゲンなどを作る能力がなくなることや肥満、O脚、脚の筋肉量の低下、スポーツや労働による膝の酷使が、変形性関節症の原因と考えられている。

　治療には栄養補助剤のグルコサミンやコンドロイチンの有効性は認められているが、それらを飲んでいれば治る、というわけではない。有効な治療法として注目されているのが適度の運動である。

　全米でベストセラーになり世界15カ国で翻訳された『こうすればひざ痛は治せる！――変形性関節症の克服法』（同朋舎）を書いたジェーソン・セオドサキス氏は「自転車をこぐなどの運動は膝の軟骨の細胞を刺激し、新しい軟骨が作られて症状がよくなります。ですから症状が悪くても運動はやってほしいのです」と関節症のシンポジウムで講演している。

　脚の筋力は、20歳代に比べ50歳代では半減する。太腿の大腿四頭筋の筋力も低下し、そのため膝が不安定になり、軟骨に負荷が増す。大腿四頭筋は、自転車選手の太腿の外側に張りだした筋肉であり、ペダルを踏み込むときに一番大きな力を発揮する筋肉である。膝の権威であるセオドサキス氏が自転車運動を勧める理由もこの点にあるのだろう。

関節に負担をかけない自転車運動

　マラソン競技や陸上のトラック競技、フィールド競技、ジョギング、登山は、関節に大きな負担をかける。走っている状態をよく見ると、一度空中に飛び上がったのち、着地することを繰り返している。着地するときに、体重が関節、特に膝関節にかかるためだ。膝にかかる重量は体重の6～8倍に達するといわれている。

　フィールド競技の中には飛び上がらないハンマー投げもあるが、ハンマーとともに3回も4回も狭いサークルの中でくるくるとターンするのを見ていると、相当にくるぶしや膝をねじるような力が加わっているように見える。ハンマー投げも関節に負担がかからないスポーツとはとてもいえない。

　さて自転車が関節にやさしい運動といえる理由は次のとおりである。

①座ってペダルを回す運動である

　自転車のペダルは真円に回る。そのペダルを脚が一定方向に屈伸運動を繰り返して行う単純な運動である。ペダルを踏み外したりしない限り怪我はしない。

②軽い力で回せる

　上り坂ではスピードが遅くなりペダルを強く踏むことになるが、スポーツ用自転車には変速機がついている。変速機によって、人間の限られた力を自転車に効率よく伝える回転数を維持できる。

③ショックは自転車が吸収してくれる

　道路を高速で走る自転車は路面から多くの衝撃を受ける。それを空気入りタイヤ、車輪、車体、サドルやグリップを通して自転車を運転する人間に伝える。しかしその衝撃の大部分は自転車が吸収してくれる。

　ただ、タイヤが細いロードレ

ース用車などは選手のパワーを自転車に無駄なく伝えるため、タイヤの空気圧は高く、車体の剛性も高い。サスペンションもないので、路面からのショックを吸収する力は他の自転車に比べ少なく、関節にやさしい自転車とはいえない。

また、立ちこぎなどは全体重を片足に集中させ、なおかつハンドルを引きつけてペダルを踏むことになるので、大きな負担が膝にかかる。こうした踏み方を続けると膝を痛めることもあるので注意が必要だ。

膝を治すために自転車に乗る

万一自転車に乗って膝を痛めた場合、一定の期間、症状が治まるまで休養は必要だが、自転車運動を再開することをお勧めする。

膝の専門医によると、老化や使いすぎで筋肉が弱っているときに、過大な負担をかけて、膝を痛めることが多いという。自転車に乗って膝の関節面にかかる力は2種類ある。一つはこすり合わさる力、もう一つは押しつける力である。前者の力が関節に障害を起こしやすい。結局、膝を守るのは筋肉なので、膝に負担の少ない自転車運動を多くの専門医が勧めるのだ。

私（中村）も、ジョギングで膝を痛めたときでも自転車に乗ることができた。また急な坂を毎日、立ちこぎして膝を痛めたときは、痛みが引いてから、リハビリとして自転車に乗った。ストレッチを欠かさず行い、乗った後は保冷袋で膝を冷やすようにした。2年ほど無理せずに乗っていたら、軟骨が回復した。

このリハビリ中は、膝に負担の少ないペダリングを心がけた。個人的な経験だが、できるだけ軽いギアを使い、サドルを後方にずらして後方よりペダルを前に押し出すような踏み方をすると膝への負担が少ないようだ。自転車専用シューズにビンディングを使っている人は深めに設定するとよい。

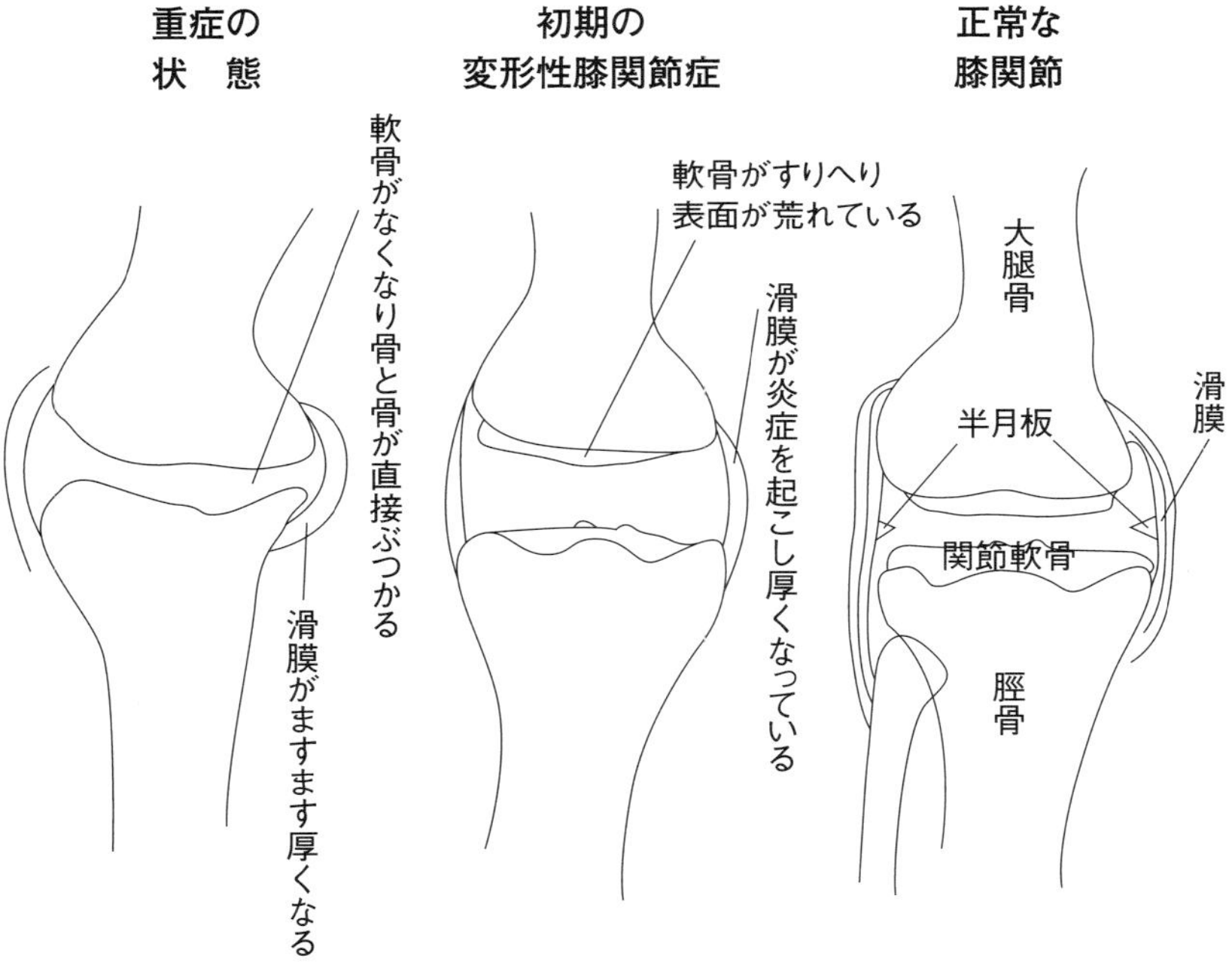

膝にかかる重さ

	膝の負担
体重	体重の1倍
歩行	体重の3倍
階段の上り下り	体重の5倍
ランニング	体重の8倍

膝の悪い人はまず体重を減らそう。自転車運動は効果的なエネルギー消費と膝に負担の少ないリハビリの両方ができる

汗を上手にかこう

　人間が生きていくうえで体温を一定に保つことはとても大事なことだ。体温が下がりすぎると免疫機能が低下し、風邪を引きやすくなったりする。一方、体温が上がりすぎると脳に深刻なダメージを受ける可能性が出てくる。

　暑い環境の中でスポーツをするとさまざまな障害が出る恐れがある。熱中症とはその障害の総称だ。熱中症の中でもスポーツで問題になるのは、熱疲労と熱射病だ。

　熱疲労は汗を大量にかいたために起こるもので、脱水症状で脱力感、倦怠感、めまい、頭痛、吐き気などの症状がみられる。

　熱射病は体温の上昇のため脳内の中枢機能に異常をきたした状態で、意識障害（応答が鈍い、言動がおかしい、意識がない）が起こり、死に至ることもある。

　熱射病は死の危険のある緊急事態なので、体を冷やしながら集中治療のできる病院へ運ぼう。早く体温を下げて意識を回復させることが重要だから、水をかけたり、濡れタオルをのせて扇風機にあてるとよい。

　基本的に、自転車運動はスピードが速く自然の風を常に受けているので、熱射病は少ないと思われる。しかし、暑い日は無理をせず休む勇気をもつことが大事だ。走るなら、水分補給を十分にして、木陰の多い道を走りたい。

水分補給のポイント

①のどが渇いたという感覚になったときには、すでに体内の水分量がかなり減っている。のどが渇いてから水を飲むのではなく、早めに水分を補給する。

②運動中は水分とエネルギー補給を考えよう。水、ミネラル

水、糖質、アミノ酸の順で補給する。

③個人差もあるが、スポーツドリンクを飲むときは2～4倍に薄めて飲むとよい。

④長時間連続して運動し、大量に水分が失われていると思いこみ、水だけ補給すると、ますます血液中の塩分は低下して「低ナトリウム血症」になってしまう。水分補給の際には、カリウムやナトリウムといったミネラル分も摂取するように心がける。

⑤普段から自分にとって、どんな補給のやり方がよいのかを、試しておく。最近はいろいろなスポーツドリンクやエネルギー補給食品が市販されている。乗車中でも飲み食いが容易なものを選びたい。味覚は個人差が大きい。また長時間の乗車で疲れてくると、酸っぱいものや甘いものがほしくなる。そのときのために、自分にとって最も有効なドリンクや食品を探しておくといいだろう。

冬の汗と体温低下の意外な関係

冬は汗によって体が冷え過ぎると、さまざまな問題が出るので注意が必要だ。

冬になると、風邪をひく人が多くなる。風邪の原因ウイルスのひとつにライノウイルスがある。このウイルスは、のどの粘膜に感染し、34度前後の温度で増殖しやすい。

東北大学の永富良一教授（運動学、体力医学）が、室温20度の部屋で20分間の運動をし、汗をふかず、のど元に何も当てない状態で、「のどとその奥」の温度を測ったところ、10人の平均で約33度まで下がり、元の体温に戻るのに20分以上かかった。

つまり、運動が終わった後、のどが特に冷えやすいのである。汗をふくのはもちろん、のど元をしっかり温めて、湿度と温度を保っておくことが大事だ。

運動をすると体温が上がる。通常の体温に戻すため、汗は蒸発して体から熱を奪う。ところが、冬場は外気温が極端に低いため、汗は蒸発せずに体の表面に残ってしまう。この残った汗が、問題を引き起こす。

東京慈恵会医科大学スポーツクリニックの河野照茂助教授は「運動の直後、体の表面近くには大量に血液が流れている。この血液が、外気で冷やされた汗の影響で急速に温度を下げて、体の中心部の体温まで下げてしまう恐れがある」「運動の途中でも、汗をかいたらこまめに着替え、体を冷やさないようにしないといけない」と指摘する。

スポーツ用自転車は走行スピードが速いので、体温が奪われやすい。ハンドルのぶれ、注意力低下などが起こるので注意が必要だ。

冬の汗と体温低下対策

①冷たい外気を吸ってのどが冷えるのを防ぐには、フリースのマスクが有効だ。

②冷たい外気からのどを保護し、体温低下を防ぐには、ハイネックのウエアが有効だ。ウインドブレーカーだけの場合でも、のどはしっかりカバーしたい。

③サイクルスポーツ用ウエアは重ね着が基本だ。厚いウエアより薄いウエアを2枚重ねて着ると、体温調整が容易だ。冬の峠では上り坂で脱ぎ、下る前に着るなどこまめに調整したい。

④汗による体温低下を防ぐには、高機能ウエアを活用したい。肌の汗を吸収するだけでなく、吸着熱で保温効果を高めるウエアが普及してきた。

⑤体を保温することは可能だが、手足は冷えやすい。対策としては、シューズにはシューズカバーをつけるか、冬用としてメッシュ部分の少ない1サイズ大きいシューズに厚い靴下を履くとよい。手足は締め付けると血行が悪くなって冷えやすい。

1.自転車と健康

自転車にはボトルを入れておく器具を２個付けられる。自転車レースでは、１つのボトルに水、もう１つのボトルにミネラルウオーターやエネルギー補給用の飲み物を入れている

冬用のキャップとフリースマスク

自転車用ウエア

ハイネックのウインドブレーカー

紫外線とその対策

　自転車はアウトドアスポーツであり太陽の下で行う以上、日焼けは避けられない。しかし中高年になると、女性だけでなく男性にとっても、過度の直射日光を浴びることにはさまざまなリスクがある。

　春から夏にかけては大量の紫外線が降り注ぐ。紫外線を浴びると骨がカルシウムを吸収するのに必要なビタミンＤが作られるが、骨粗しょう症予防も含め成人が1日に必要とされるビタミンＤは、晴天の日で5～6分、曇りの日でも30分ほど日に当たるだけで作られる。長時間太陽に当たる必要はない。過度に浴びるとしみやしわ、たるみを作る原因になるだけでなく皮膚がんの発生に深くかかわっているといわれている。

　大気中のオゾン層の破壊が進み、オゾンホールが拡大しているという。オゾン層で吸収される紫外線が減り、より多くの紫外線が地上に達することによって、皮膚がんの増加が心配されている。また急性の日焼けによる熱傷（やけど）は治療を要する。炎症により、体力を消耗し、強い疲労感に襲われる。

紫外線がしみやしわを作る

　紫外線は太陽光線の一種で、波長の長い方からＵＶＡ、ＵＶＢ、ＵＶＣの3種がある。ＵＶＣはオゾン層で反射されるので、地表に届くのはＵＶＡとＵＶＢである。

　ＵＶＡはガラスごしでも体に影響を及ぼすので、より注意が必要。ＵＶＡは皮膚の表皮を通り抜けて真皮に届き、コラーゲンやエラスチン（弾性繊維）などで構成される皮膚の組織を破壊してしまう。もちろんしわは自然な老化や皮膚の乾燥によっても起こるが、紫外線の影響が大きいと考えられている。ちなみに紫外線による老化は「光老化」と呼ばれている。

　一方、UVBは日焼けの主な原因となっている。紫外線をたくさん浴びると、皮膚は一時的に赤くなるが、時間の経過とともに黒くなる。これはUVBによって表皮にあるメラニン細胞（メラノサイト）が活性化され、大量のメラニン色素が作られるためだ。

　人間の表面は代謝によって定期的に生まれ変わる。老化した皮膚は垢として廃棄される。皮膚が生まれ変わるので日焼けも元に戻るが、メラニンが大量に作られすぎるとしみとして残ってしまう。

　皮膚が生まれ変わる周期は、20歳代で28日くらい、30歳代で40日、50歳代では55日くらいまでと長くなる。そのため、年齢を重ねるとメラニンが沈着してしみができやすくなるのだ。

　また、紫外線を浴びると皮膚で活性酸素が発生し、しわやしみができる原因のひとつになっていることがわかってきた。細胞膜は不飽和脂肪酸でできている。紫外線を浴びて皮膚に発生した活性酸素は不飽和脂肪酸を酸化し、酸化した不飽和脂肪酸がたんぱく質と結びついてしみができる。
活性酸素は真皮のコラーゲンやエラスチンの細胞を酸化させ、しわを作る原因になっている。

紫外線から身を守る

　さて自転車に乗るときに紫外線から身を守る工夫について述べたい。

①紫外線は1年のうち6月が一番紫外線量が多く、時間では午前10時から14時が特に多い。そこで、この時間帯を避けるのが望ましい。

　通学や通勤に自転車に乗るのが30分程度なら、それほど気にすることはない。それでも私（中村）は、真夏に走ると

サンバイザー付き
ヘルメット

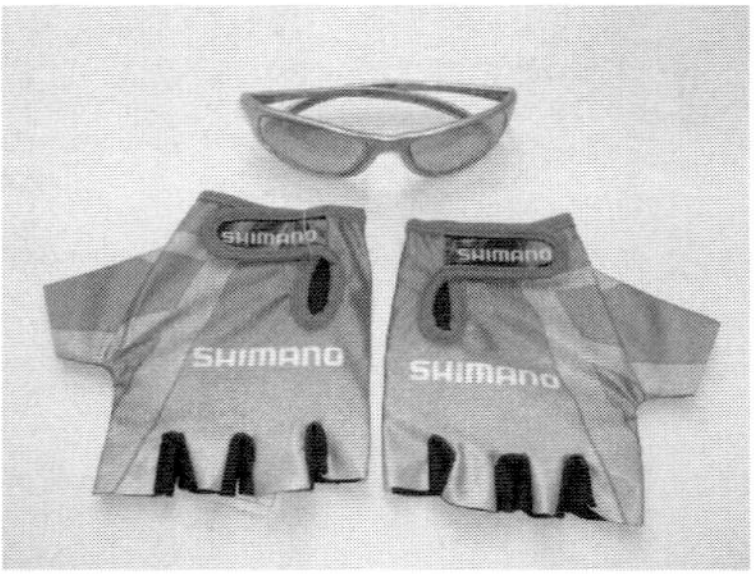

サングラスは薄い色がベター
（トンネル内走行や夜間走行もある）

き、朝方は薄めの長袖ジャージーやウインドブレーカーを着用し、夕方の帰宅時は太陽が陰ってから走り出すなど工夫している。

②ウエアは長袖、長パンツにし、グラブ、サングラスは必ず着用したい。

紫外線吸収線維のものもあるようだが、白よりも濃いめの色の方が紫外線を防いでくれる。私は頭髪が少ないので、ヘルメットの下にバンダナを着用し日焼けを防いでいる。

③サングラスはUVカットのものを着用したい。色が濃いだけのサングラスは瞳孔が開き、かえって紫外線が目に入り、視力が低下する白内障を引き起こす原因となる。

④真夏やイベント時では長袖、長パンツといった服装は無理なので、日焼け止めを露出する肌に塗る。

走り出すと体全体から汗が噴き出す。汗をゴシゴシと拭うと日焼け止めがこすり取られるので、タオルを押し当てて汗を吸い取るようにしたい。それでも汗で流れるので、こまめに塗りたい。

子供は特に紫外線の悪影響を受けやすいという説もある。子供に塗るときは「子供にも使用可」と書かれた日焼け止めを選ぼう。

自転車散歩

自転車散歩という言葉がだんだん市民権を持ってきたようである。

１９９６年、私は、勧める自転車博物館で、〝自転車に乗る楽しさを広める〟ための新しいイベントを始めた。イベントの名前を「自転車散歩」としたのは、従来のサイクリング愛好者だけでなく、もっと幅の広い人々に、そのイベントに参加してもらいたいと考えたからだ。

サイクリングとは自転車を使って旅をすることだ。自転車で旅をするとなると、それなりの大きさの荷物を積む荷台や専用のかばんを装備できる自転車――サイクリング車が必要になる。さらに、サイクリング車に乗るのに適した機能的な特別の服装が必要になる。このことは、自分の健康維持や環境保全のために自転車に乗ってみたいと考える人には、高い垣根となっているのではないか。

そこで考えた結果、誰もがいつでも気軽に家にある自転車で参加できるイメージをもつ「自転車散歩」という言葉に行き着いたのである。

自転車の魅力を多くの人々に伝え、自転車に乗ることを勧めるには、一般的に使われ誰もが理解しやすい言葉を考え、使うことも必要だろう。

サイクリングと自転車散歩の違い

サイクリング（自転車旅行）	自転車散歩
若者のスポーツのイメージ	誰でもできる楽しみ
サイクリング車が必要	今ある自転車でできる
専用の服装が必要	カジュアルな服装でよい
専用の装備が必要	装備は不要
始めるのに敷居が高い	いつでも始められる

シェイプアップ

人は誰もが平等に年齢を重ねる。20歳前後をピークに徐々に老化が進み、筋力も衰える。特に足の筋力は20歳代に比べ50歳代では約半分にまで低下する。つまり筋肉の量も相当減少していると思う。筋肉量の減少によって体型も変われば、筋力の低下によって姿勢も悪くなる。

普段あまり気にしていないが、立っているときも座っているときも、姿勢を保持するために骨格筋は力を発生している。腹筋が弱れば内臓が下がってきて下腹がぽっこりでてきたりもする。

筋肉は筋線維（筋肉を構成する繊維細胞）が束となって集まったものだ。

筋線維には色が異なる「白筋線維」と「赤筋線維」がある。白筋線維は速筋線維とも呼ばれ収縮速度が速く大きな力を発揮するが、疲労しやすく収縮を長時間持続できない。

赤筋線維は遅筋線維とも呼ばれ収縮速度が遅く、比較的小さな力を発揮するが、疲労しにくく一定の力を長時間持続できる。有酸素運動（エアロビクス）は、遅筋を使うことにより、長時間無理なく、苦しい思いをしなくてよい運動なので、シェイプアップ効果が高いのだ。

自転車運動で使う筋肉

自転車レースでは、短距離のトラックレースは速筋を多く使う。世界選手権で10連勝した競輪の中野浩一選手はスプリントと呼ばれる種目の選手だった。スプリントは一周２５０～３３３ｍのトラック競技場を３～４周するが、勝敗は最後の２００ｍで決まる。つまり勝負が10秒ほどで決まるレースなので、瞬発力とパワーが必要な速筋を主に使う。脚があんなに太いのは

骨格筋の違い

	速筋繊維	遅筋繊維
発生する力	大きな力を発生	比較的小さな力を発生
収縮速度	速い	遅い
持続する力	長時間持続できない	長時間発揮する
疲労	疲労しやすい	疲労しにくい

そのためなのである。

自転車レースでも１００km以上の長距離を走るロードレースの選手は、長時間走る必要があり、遅筋を多く使うので、マラソンランナーのようなしなやかで引き締まった体型になる。このとき選手は、１分間に１００～１２０回転程度の速さで３～７時間程度ペダルを回し続けているのだ。欧州の自転車レースの最高峰「ツール・ド・フランス」を走る一流選手となれば、体脂肪率は３～５％程度ではないかと思う（長い坂を速く上って行くため体重をコントロールしていることもあるが）。

自転車に乗り込んで細く引き締まった足を、アメリカでは「バイクレッグ」と呼び、細いけれどきれいな筋肉が付いたかっこいい足の代名詞に使っているようだ。

今まで述べてきた有酸素運動は、このしなやかで引き締まった体を作るのである。自転車運動は有酸素運動で体内の脂肪を燃やす上、ハンドルを引きつけるように走れば腕力、背筋力、腰やお尻の筋力も使うので、体全体がしなやかで引き締まった形になる。特にヒップアップ効果が大きいようだ。ヒップが筋肉であればアップするし、筋力が低下して脂肪になったお尻は下がる。

ストレスをコントロール

「ストレスがたまる」「ストレス解消」などと使われ、ストレスという言葉は一般的に悪いイメージがある。

　ストレスの定義は「外部からの力が加わり、歪んだ状態」である。別の資料によれば「神経・内分泌性の生態防御反応」のことである。ストレス（歪んだ状態）を起こさせる外部からの力をストレッサーと呼ぶ。この定義はカナダの内分泌学者ハンス・セリエによるもので、１９３０年代に提唱された。

　セリエはストレッサーにより精神的変化が起こり、さらに体にも影響が出ることを示した。この発見こそ、「病は気から」を裏付けるものだ。つまり、ストレッサーは、精神面に変化を起こすだけでなく、肉体面にも重要な変化を起こしているのである。

ストレスのいい点、悪い点

　ストレスによってホルモンが副腎や甲状腺で作られる。ホルモンは体の中で作られる微量な物質で、情報伝達物質として作用する。血液中の血糖値を上げて脳や筋肉の働きを高めたり、心臓の心拍数を上げたり、血管を収縮させて血圧を上げ、ストレスと戦ったり危険を回避する態勢を整える働きがある。

　しかしストレスが長時間続くと、体に悪影響がある。ストレスが長く続くと、ＡＣＴＨという副腎皮質刺激ホルモンが過剰に分泌される。このため副腎皮質ホルモンが持続的に分泌され、その結果、免疫能力が低下して細菌感染などにかかりやすくなるのだ。

　過剰な抗ストレスホルモンは体にマイナスに作用するが、適度な分泌がないと体の機能を一

スポーツでのストレス

	良性ストレス	悪性ストレス
取り組む動機	自分の意思で行う	他人から命令されて行う
種目	得意種目	不得意種目
準備	十分できている	準備不足
勝敗へのこだわり	勝ちたい	負けられない

良性ストレス：意欲や向上心を高めるもの
悪性ストレス：意欲や向上心を失わせるもの
良性ストレスも時間が長くなれば悪性にもなる

定に保つことができない。こうした相反する作用をもつホルモンによって体はコントロールされているのだ。

レースの前になると必ず体調を崩す選手がいる。それは、この選手の気の弱さに原因があると考えがちだが、過度のストレスの持続により免疫力が低下し、風邪などにかかりやすくなっていると考えられる。

逆にストレスを利用して体調を整え、練習より本番で結果を残す選手もいる。

また、レースが終わった後で、風邪を引く選手もいるが、これは、達成感でリラックスすることによって免疫力が低下したとも考えられる。ストレスは必ずしもマイナスにならない。

連続的なストレスはマイナスだが、適度に緊張感を作って仕事や練習への集中力を高めることができれば、充実した時間を過ごすことができる。

スポーツでストレスをコントロール

社会に生きる以上、仕事や人間関係というストレスは断ち切ることはできない。そうしたストレスからの休養として飲酒やギャンブルも一定の効果はあると思うが、適度なスポーツは肉体的にもよいとされる。

スポーツには、夢中になる時

間をもつことで満足感、開放感、達成感があり、リフレッシュ効果もある。プロスポーツ選手が義務としてスポーツをしたり、クラブ活動で休みたくても休めないのでは、かえってストレスを増す。スポーツを自らの意思で楽しむということが大切だ。

　ストレスへの適応も、練習・試合・休養といったことを繰り返す中で、うまくできるようになる。ストレスを受けたときに自分の体が反応する癖などがわかれば、自分のパフォーマンスを出し切ることができる。そのことにより、他の種類のストレスにもうまく適応できる可能性が出てくるのだ。

　ジョギングの世界に「ランニングハイ」と呼ばれる快感が起こることがよく知られている。それはエンドルフィンという脳内モルヒネ（麻薬）が分泌し、作用しているためだ。もともと脳内モルヒネは緊急事態回避のための物質だといわれている。逃げなければ殺されるという状況で生き残るために、分泌されるようになったと考えられている。ジョギング、マラソン、サイクリングなど持久力運動時に大量に分泌されるといわれている。

　サイクリングにおける「ランニングハイ」は、走り出して10〜20分くらいして体が温まった頃にやってくる。路面からのかすかなショックが体を揺らし、風の中を走ってゆく。自転車と自分の体との一体感を感じる。なんとも言えない快感に包まれる。「この自転車とならどこまでも走っていけるだろう」と思える。その気持ちがまた味わいたくて自転車に乗り続けるのだろう。

　ランニングハイは体からの苦痛という危険信号を無視しているので、ある意味で異常事態である。しかしエンドルフィンは、進化の過程で、苦痛を抑える役目だけでなく、人間の意欲や欲望を高める物質として重要な意味をもつようになった。

自由になるための自転車

1970年代半ばに、アメリカのタマルパイアス山の山頂に立ってサンフランシスコ湾を眺めている数人の若者がいた。彼らは「これは確かにすごくおもしろい。でもこんなことをしたいって思う人は他に誰がいるだろうか」と語り合っていた。

その若者達の中の3人が、マウンテンバイクのビジネスとスポーツの分野で活躍し、その誕生から世界で最も人気のある自転車になるまでかかわっている。その3人とはゲーリー・フィッシャー、ジョー・ブリーズ、トム・リッチーの三氏である。

マウンテンバイクは、消火活動のために作られたファイアーロードを太いタイヤの自転車で駆け下りる遊びから生まれた。

当時、生まれたばかりの自転車の未来について3人はそれぞれに次のように回想している。

ブリーズ氏は言った。「私は子供の頃からハイキングを楽しんでいた。大好きなサイクリングとハイキングの冒険を合体させるというアイデアが浮かんだ時、私は1日で今までよりずっと遠くまで行けることに気がついた。そこでは自転車を停めて花の匂いをかいだり、滝をながめたりできる。戻ってくると自転車に乗らない友人が『このごつい自転車に乗ってもいい？』と聞く。帰ってくると必ず『こんな自転車があることにどうしてもっと早く気が付かなかったのだろう』と言った。やがてこれはこの地域全体に広まるかもしれないということがわかってきたのだ」

リッチー氏はサイクリング愛好家のためだけでなく、普通の人達にとっても、もっと自由になるための道具としてマウンテンバイクを捉え、友達にも勧めたのである。

フィッシャー氏は思った。この自転車によって乗る場所が広がり、車とぶつかる危険や渋滞もなく素晴らしいアウトドア体験ができるのだと。また「知人のスポーツマンではない人達が早起きして自転車に乗って日の出を見に行っているのを見て、全く違う自転車の文化が始まるのを予感した」とも語っている。

フィッシャー氏が日本でマウンテンバイクの神様と呼ばれる理由は、前3段・後6段の変速装置と前後のブレーキを装着し山を登ることも含め、自由に山の中を走れるように改造して新しい自転車を誕生させたからである。

マルチタスクで頭脳を活性化

人間が歩けるようになるのは誕生後1年たってからだが、自転車に乗れるようになるには、3～6歳まで待たねばならない。

それは、ペダルを踏めるぐらいに脚力がつくことと、歩くことより高度なバランス感覚が身につかなければならないからだ。危険回避のために一瞬の間に判断してハンドルを操作して方向を変更し、場合によっては同時にブレーキ操作をバランスを取りながら行わねばならない。脚力をはじめ、情報収集能力、判断能力、バランス能力がなければ自転車に乗れないのだ。

逆に考えれば、自転車に乗る行為は人間が本来もっている能力を活性化させる効果があるかもしれない。

自動車は鉄とガラスに囲まれ、自然から隔離された人工的な空間の中で運転する。一方、覆うもののない自転車は五感を総動員して乗るものだ。山の中の道路を走っていて、前方を見る。カーブミラーを見る。ブラインドカーブに入る時は耳をすまして対向する車のエンジン音やタイヤ音を聴き取り、排ガスで自動車の通行量を想像する。肌で寒さを感じて、冬の日陰のカーブにあるかもしれない凍結した水溜りを想像する。マウンテンバイクで山道に入ればさらに自然と接し、動物的感覚を取り戻すことになるはずだ。

宇宙飛行士の毛利衛氏はＮＡＳＡ（米航空宇宙局）で、遭遇するかもしれない緊急事態に対応できるようマルチタスクの訓練を行っていたという。計器と地上と窓の外を見るということを秒単位で繰り返すのだ。目や耳や自分のもつ感覚を総動員して1秒前でも危険回避ができるようにするのだという。

自転車でも安全走行にこの考え方を利用することができる。自動車や歩行者との混合交通のときには特に有効だろう。交通事故の危険に常にさらされていると考え、自分が交通事故に巻き込まれないよう準備するのだ。そのために周りを走っている自動車や歩行者の位置を確認しておき、危険を回避する選択肢を用意しておく。信号が変わって前の車が急に止まったり、右折してくる可能性を考えておく。そうすれば、ブレーキをかけるべきか、車と一緒に左に曲がって危険を回避するべきか、とっさに判断できるはずだ。

また雨の日のコーナリング時にはタイヤはとてもスリップしやすいのでスピードをいつも以上に落とさないと転倒する可能性が高い。ブレーキも車輪とブレーキゴムの間に水が入り摩擦が少なくなっているので、早めのブレーキが必要だ。こうしたときの判断や雨に対する工夫、感覚は独特で、脳を活性化させる効果が期待できるだろう。

マウンテンバイクで山道を走るときは、人間の五感をフル活用して走ろう

街中の車道を走るときは、危険を回避するため、常に車、路面、信号といった情報を収集し、一瞬に判断することが求められる

活性酸素とその対策

　私達が健康を維持するうえで、またスポーツを楽しむうえで有酸素運動が最適だと、体に酸素を多く取り入れることを勧めてきた。しかし困ったことに、酸素を多く取り込めば取り込むほど活性酸素も発生する。

　人間の体は、60兆個の細胞からできている。各細胞の中では、食物として摂取されたブドウ糖・たんぱく質・脂肪と、呼吸で取り込んだ酸素を反応させて、生命を維持するのに必要なエネルギーを得る。このエネルギーを作り出す過程で活性酸素が発生してしまうのである。だから、私たちが生きていくうえで活性酸素の発生は避けられない。

　活性酸素の正体については省略するが、生活習慣病の9割に直接的、間接的にかかわっていると考えられている。生活習慣病の末期的症状として動脈硬化がある。活性酸素はLDL（悪玉コレステロール）を酸化させ、作られた酸化LDLが動脈硬化を引き起こす。また、活性酸素はがん遺伝子を刺激して細胞をがん化させる働きもある。

活性酸素の発生を減らす

　活性酸素の発生を減らすには、次の方法がある。

①タバコをやめる

　タバコの煙には発がん物質や一酸化炭素、活性酸素も含まれている。これらは肺がんや喉頭がん、舌がんの危険生を高めている。また活性酸素の作用により肺胞壁が壊され、肺気腫（肺機能が衰える病気）の原因になる。

②激しい運動は避ける

　激しい運動（無酸素運動）で呼吸量が増えれば、それだけ活性酸素が増えてしまう。健康のための運動でも、それが激しい運動ではかえって健康にマイナス。適度な運動（有酸素運動）

軽い運動であれば、活性酸素が増えても、体の抗酸化能力は低下しない、という実験結果がある

も酸素を取り込むが、活性酸素を取り除く機能が高まるとの報告もある。

③ストレスをコントロールする

過度のストレスを受けると交感神経が刺激され、脈拍数が増加したり血圧も上がる。

その結果、活性酸素がたくさん発生すると考えられる。ストレスは適度な自転車運動の爽快感で上手に解消しよう。

④紫外線を受けすぎない

紫外線を受けると活性酸素が発生し、しみやしわを作る。紫外線UVAは表皮の下にあるコラーゲンやエラスチン（弾性繊維）で構成される真皮に達し、発生した活性酸素が真皮の組織を破壊して、しわを作る。またUVAは表皮の水分と反応し、活性酸素を発生させる。その結果、メラニン色素が細胞でたくさん作られ日焼けが起こる。メラニン色素が作られすぎると、しみの原因になる。

⑤X線検査は短期間に繰り返し受けない

X線検査でも活性酸素が発生する。健康診断をはじめ、関節の病気などによりX線検査（レントゲン検査やCT検査）を受ける機会が増える傾向がある。X線も体を通り抜けるときに細胞内で水と反応し、大量の活性酸素を発生させる。だから必要もないのに短期間に何回も受け

抗酸化食品

選ぶポイント		食品名
色の濃い食品	色の濃い野菜や果物、魚を食べると抗酸化食品を食べることになる	βカロテンは黄緑色野菜に多く含まれる
和食中心のメニュー	和食はエネルギーが少なく、魚や野菜が多い	魚は、サケ、イクラ、タイ、キンメダイ、エビ、カニ、タラコ、シシャモなど 果物では、トマト、スイカ
ビタミンCやビタミンEは抗酸化作用が優れている		加工食品では､大豆を使った豆腐、納豆、味噌、緑茶、紅茶、ウーロン茶

るのはやめよう。

⑥食べ過ぎに注意するが、抗酸化物質はしっかり摂る

活性酸素をすみやかに消し去るために抗酸化物質をしっかり摂ろう。抗酸化物質で代表的なものはビタミンで、ビタミンCとビタミンEには優れた抗酸化作用がある。食品でいえば、ナッツ類、大豆油、ごま油、大豆、あん肝、たらこ、ししゃもなどに含まれている。また緑黄色野菜に多いβカロテンにも強い抗酸化作用がある。ただ抗酸化物質を含むからといって、あれもこれもと食べ過ぎるのは禁物。たくさん食べるとエネルギー代謝が盛んになり、活性酸素が大量に発生する。

活性酸素は体を酸化させ、遺伝子や細胞膜を傷つける有害物質とされてきた。従来、活性酸素が細胞内のミトコンドリアを攻撃して老化を促進すると考えられてきたからだ。しかしマウスを使った実験で活性酸素がミトコンドリアに障害を与えるという見方が否定されたとする研究結果がアメリカの科学誌『サイエンス』に発表された。研究が進めば、活性酸素への対策などは変わる可能性がある。

この章の内容に関し、健康スポーツ医である梶山泰男氏に助言をいただきました。感謝いたします。

0km（自転車と用品の基礎知識）

2.自転車について知ろう

自転車は人に優しく進化中

スポーツサイクルは、より軽く、より快適に、という方向性をもって進化しているといえるだろう。レース用などある特定の目的のために作られたタイプを除けば、このことは間違いない。

たとえばそれを、変速ということから見てみよう。

かつての自転車のシフトレバーは、フレームに取り付けられていた。変速するためには、一旦ハンドルから手を離して、シフトレバーまで手を延ばさなければならない。この作業は、ある程度のスキルを要するもので、新しく始めようという女性などには、かなりの壁となっていた。

ドロップハンドルの場合、１９９０年からブレーキレバーとシフトレバーを一体化させた、デュアルコントロールレバーが登場。変速は、走行状況に合わせてなるべく頻繁にすることが効率的だといえるが、これによりハンドルから手を離すということなく変速が可能になった。

ＭＴＢはそれが登場した頃から、ハンドルバーの上に載せられる形でシフトレバーが取り付けられていた。オフロードでは路面からの振動によってハンドルが暴れやすいため、グリップから手を離して変速することが困難だからだ。

当初、シフトレバーはハンドルバーの上に付いていたが、これでは多少でも変速時にグリップ上で手を移動させなければならない。さらに改良が進むと、ハンドルの下部にシフトレバーを置き、親指で押し込む、人差し指で引くという動作となった。これによりグリップを握る手を移動させることなく、快適に変速できるようになった。

また、２００３年頃からは、ブレーキレバーをシフトレバー

■シフトレバーに見る自転車の進化

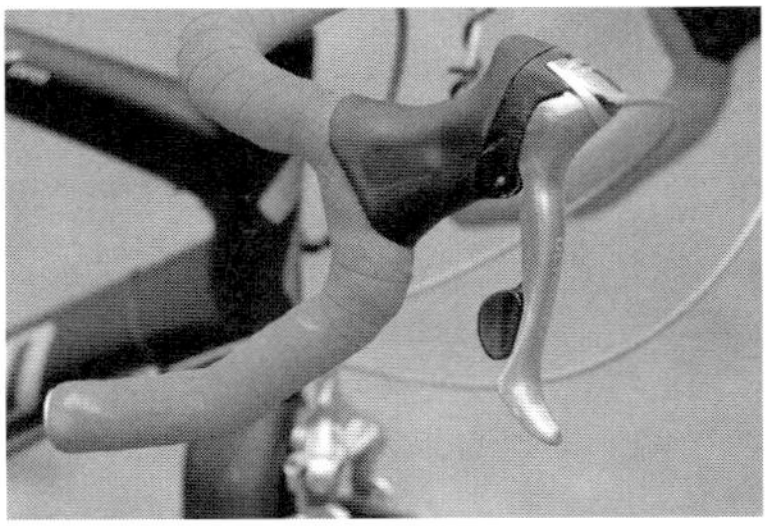

ブレーキレバーとシフトレバーを一体化させた、デュアルコントロールレバー（ロードバイク）

フレームに取り付けられたシフトレバー。操作に慣れても、疲れてくると変速がおっくうになったものだ

ＭＴＢもブレーキとシフトレバーを一体化させた、デュアルコントロールレバーが、今後の主流

プッシュ＆プル（親指で押し込む、人差し指で引く）システム。これで多くの人がストレスを感じることなく、変速できるようになった

と兼用にしたモデルも普及し始めた。リーチが長いので、より軽いタッチで変速できるなどのメリットもある。

また、変速性能も格段に速く、確実になったことも見逃すことができない。

変速だけを見ても、これだけの進化がある。フレームの形状や素材、ブレーキなど、そのテクノロジーの凝縮に、メカとしての魅力を感じる人も多いくらいだ。ともあれ、さらに軽く、そして扱いやすく進化し、人に優しくなった自転車は、より多くの人が楽しめるスポーツアイテムになったといえるだろう。

スポーツサイクルとは何か？

自転車がスポーツ用かどうかは、ギア（＝変速機）が付いているかどうかがポイントと考えてよい（変速機付きの買い物用自転車もあるし、競輪用自転車は変速機が付いていないが）。

ギア付き自転車のメリット

マニュアルの自動車の運転を考えてみてほしい。スタート時はローギアで、スピードが上がるとともに、ドライバーがギアをシフトアップしていく。適度なエンジンの回転数を保つために必要な作業だ。これに対し、変速のないシングルギアの自転車では、踏み出しは重く、スピードに乗ってくると、ペダルを踏んだ感じが軽すぎて「もっと重いギアがあればいいのに」と思える。

これに対応するのが複数のギアだ。スピードが違えば使用ギアも変わる。微妙なアップダウンや、風の向き、路面抵抗の変化など、走行状況は常に変化する。限られた人間の力をなるべく一定に保つことで、最も効率的に推進力に変える手段が変速なのだ。

体重を分散させるポジションに注目

自転車は人間の体重をサドルやハンドルに分散させることで、下半身の関節への体重の集中を防ぐメリットがある。振動が少ないので関節へのダメージが小さいことは、左の写真（下2点）で理解できるだろう。

そんな自転車でも、重いギアを踏み込んでいると、体を痛める。筆者（丹羽）も重いギアを踏み込み続けて、膝を壊した経験がある。重いギアの方が、鍛えているという気分、満足感が大きかったためだ。

筋肉や関節などへの負担を少なくするために、適正ギアを選び、また積極的にギアチェンジをし、ギアを使いこなすことも考えておきたい。

ギアは限られた人間の力を、最も効率的に推進力に変える手段だ

自転車はペダリングをしても、カラダの上下動はない

ランニングはステップのたびにカラダが上下し、体重が関節への負担となる

自転車は全身運動

スポーツサイクルをすでに持っている人は、ぜひ、実験していただきたい。ある程度、前傾したライディングポジションの場合という前提だ。まずはいつも握っているハンドルに、両手の人さし指だけを乗せてみよう。のんびりペースでこの状態で走っていると、人さし指が押し付けられ、かかる負担は意外と大きいことに気づくだろう。

逆に上り坂や、力強いペダリングをすると、人さし指でハンドルを強く引きつけていることがわかるはずだ。

普段は腕全体でこの負担を受け止めているので気づきにくいが、あえて人さし指だけで受け止めてみると、その負荷はとても大きいことを感じてほしい。

自転車はペダリング運動が強調され、下半身のスポーツというイメージが強い。だが、動きは少ないが上半身にも力がかかっている状態（これをアイソメトリック運動という）が、継続しているのが、スポーツサイクルなのだ。この点で買い物用自転車は、体重のほとんどがサドルにかかっているので、上半身への負荷は非常に少ない。

ちなみにだが、買い物用自転車で長時間のサイクリングをするとどうなるか？　まずは先に述べたようにギアチェンジがないために、効率よく走ることができないし、お尻が痛くなりやすい。ほとんどの体重がお尻にかかるからだ。

また、自転車が重いために、軽快に走ることができない。自転車の重量は買い物用自転車が20kg前後、スポーツサイクルは10kg前後。軽量タイプで8kg以下も珍しくない。初めて乗る人なら、本当に誰かに後押しされているか、あるいは羽根が生えたのかと思うような衝撃を受けるに違いない。買い物用自転車でサイクリングできないわけではないが、走ろうという気持ちにさせてくれるかどうかも、大事な要因と考えたい。

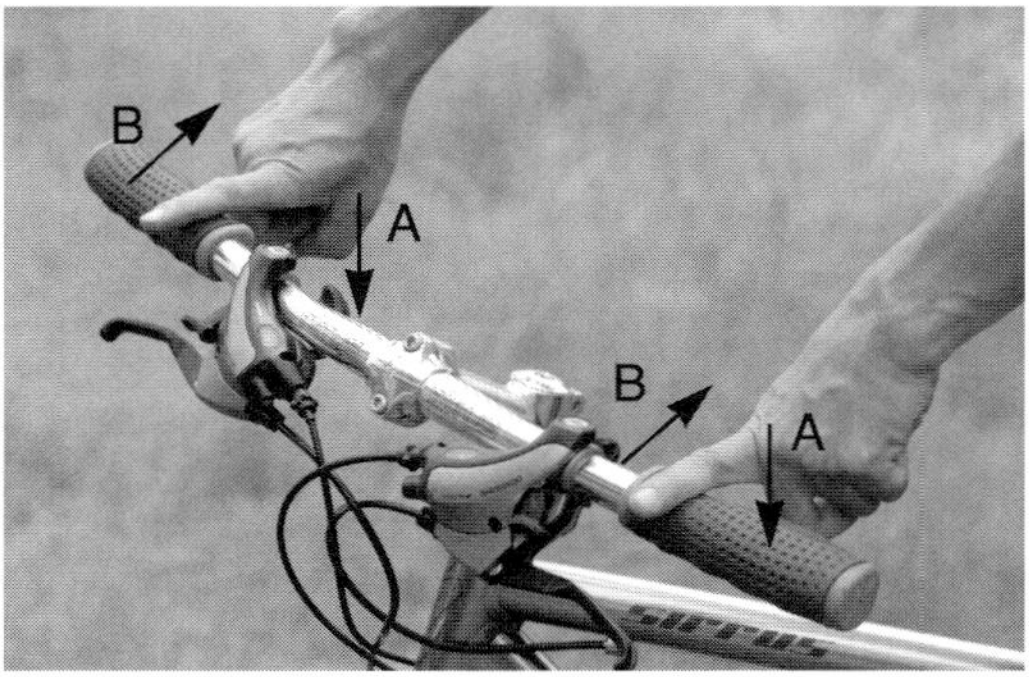

■スポーツサイクルは全身運動であることを体感してみよう

ハンドルに人さし指を乗せてみる。のんびりペースでは上半身を支えるために人さし指のつけ根に負担がかかる(A)。上り坂では、意識せずとも、ハンドルを引きつけようとする力をハンドルにかけている(B)

■ポジションと体重の分散

スポーツサイクルは、体重が、サドル、ハンドル、ペダルに分散されることが特徴

買い物用自転車の場合、体重の多くがサドルとペダルにかかっている

スポーツサイクルの種類

スポーツサイクルにはさまざまな種類がある。走る路面状況や走行するスピードなどによって、適したタイプがある。購入の際には、どんな自転車を買ったらいいのか悩むところ。まずはどんなふうに走ってみたいかを想像して、それに適したタイプを絞り込もう。大雑把にいうと、オフロードならMTB、オンロードならロードバイクという方向性がある。

ここで頭に入れておきたいのは、レース用は、すべての面で優れているとはいえないということ。レース用＝ハイエンドモデルではあるが、レースという特殊な使用環境、使用目的を狙いとしているので、時には快適さを犠牲にしていることもあるからだ。

MTB（マウンテンバイク）

スポーツサイクルの中で、最も普及しているのがMTB（マウンテンバイク）。前後ともにサスペンションのないタイプ、前のみにサスペンションのあるタイプ（一般的にはリジッドタイプと呼ばれる）、そして前後サスペンションタイプ（フルサス）の3つに大別される。

サスペンションとは、オフロードでの路面からのショックを吸収し、安定して走行するための有効な仕組みである。前後ともにサスペンションのないタイプは、現在は非常に少なくなっている。

前サスペンションモデルは、前後ともサスペンションがないタイプよりも快適で、前後サスペンションタイプよりも軽い。そのバランスの良さが特徴だ。

前後サスペンションモデルは、若干の重量増はあるものの、オフロードでの快適性（ショッ

MTB（フルサス）

ロードバイク

ク吸収、安定性）に優れている。

このメリットは、早く走りたい人だけでなく、ビギナーにとっても大きなものだ。オフロードの振動の中で乗りこなす術を知らないビギナーでも、前後サスペンション車なら、ある程度自転車まかせにしても、機材が助けてくれるからだ。

ＭＴＢはオフロードで楽しむことを前提に作られているが、タイヤをオンロード用のスリックタイヤに交換すれば、オンロードでも軽快に楽しむことができる。ホイール（リム）のサイズ（直径）は26インチが標準だ。

ロードバイク

舗装路を速く走ることを追求して、突き詰めたのがロードバイクで、ＭＴＢとは対極の存在だ。その魅力はなんといっても、走りの軽快さだ。

その訳は自転車自体の軽さと、タイヤの地面への接地面積の少なさによる、路面抵抗の少なさと考えてよい。またホイールのサイズは27インチとなっていて、26インチよりも慣性が働き、スピードが落ちにくいという特徴がある。

標準装備されたドロップハン

ドルは、扱いには慣れが必要だが、いろいろな場所を握りかえることができるので、上半身にストレスをためにくいというメリットがある。

クロスバイク

コンパクトサイクル

クロスバイク

ＭＴＢのリラックスした乗り心地と、ロードバイクの軽快さの中間を狙ったのがクロスバイクだ。ロードバイクの走行テイストを得るため、ホイールは27インチを装着したモデルが多い。だがハンドルは、扱いやすいフラットタイプが標準。突き詰めるとオフロードはＭＴＢ、オンロードはロードバイクになっていくが、軽快さと気軽さを兼ね備えたクロスバイクは、初心者をはじめ、幅広いユーザーに支持されている。

コンパクトサイクル

18インチや20インチなどの小さなホイールのモデルをコンパクトサイクル、小径車などと呼ぶ。折り畳めるモデルも多く、そうした機能を備えているものはフォールディングバイクといわれている。ホイールが小さい（＝軽い）ので、踏み出しが軽

リカンベント

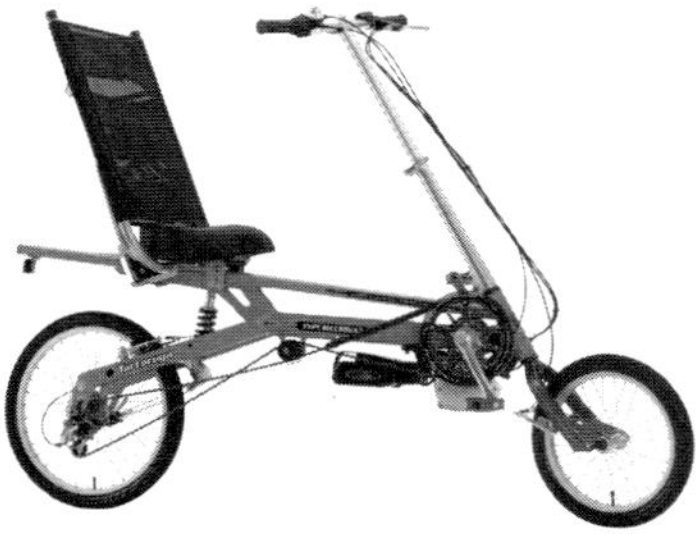

ランドナー

いのが特徴。ストップ&ゴーの多い都市には適している。折り畳めるモデルは、保管や列車などでの移動も手軽。

リカンベント

リカンベントとは、シートにどっしりと腰を据えて乗るスタイル。奇をてらったようなルックスに見えなくもないが、実は非常に機能的。背中を背もたれに押し付けるようにしてペダリングするので、通常のスポーツサイクルのように上半身が疲れることはない。乗車姿勢が低いので、風を受けにくいことも特徴だ。小回りが効きづらいので都心には不向きだが、姿勢が上向きなので視線も上向きぎみ。広々としたところを悠々と走るのは気持ちいい。個性的なルックスで、注目度も高い。

ランドナー

最後に紹介するのがランドナー。オンロードから軽いオフロードまでを程よくこなすことと、泥除けが標準装備で、バッグ類を付けやすいことなどから、小旅行用としての愛用者も多い。クラシカルなルックスは、ベテラン層を中心に支持されているが、現在は店頭で見つけることは難しい。

各部名称

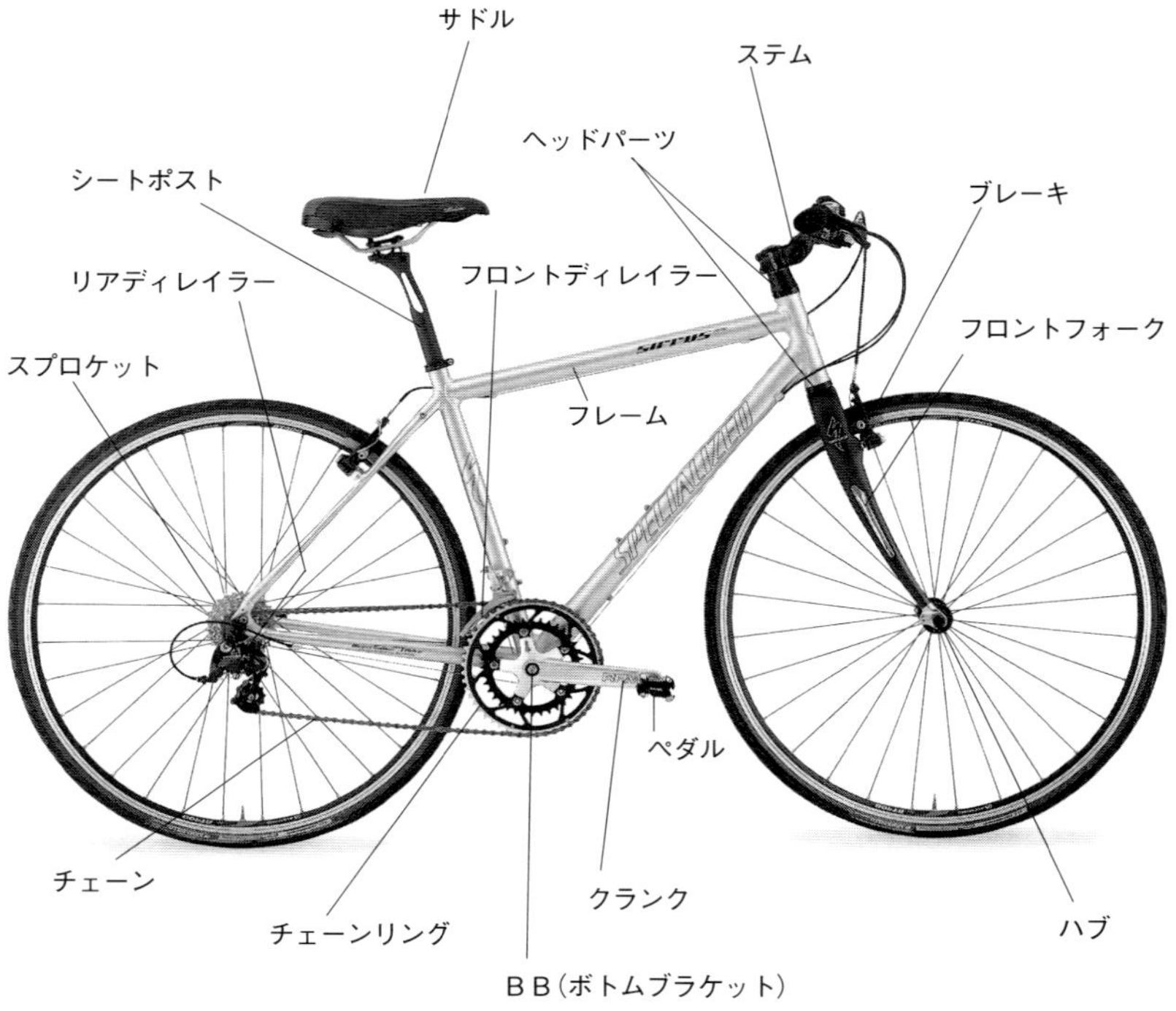
サドル
ステム
ヘッドパーツ
シートポスト
ブレーキ
リアディレイラー
フロントディレイラー
フロントフォーク
スプロケット
フレーム
ペダル
チェーン
クランク
チェーンリング
ハブ
ＢＢ（ボトムブラケット）

【ハンドル周辺】

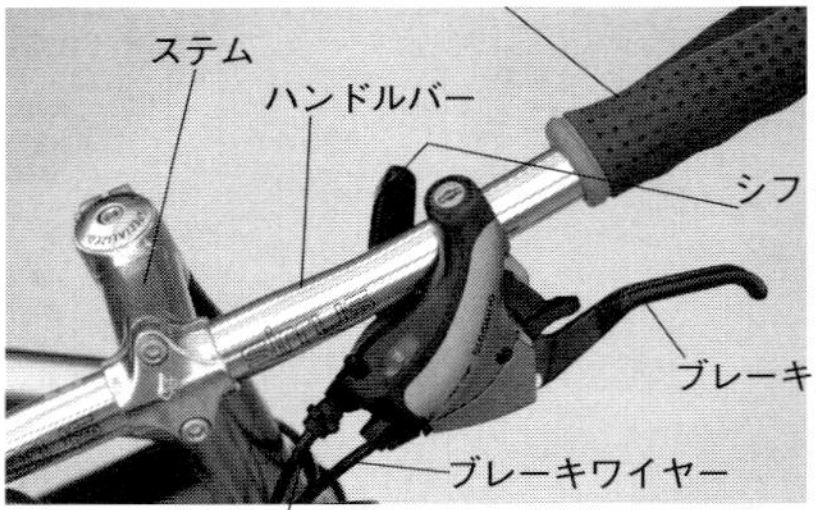

【クランク周辺】

【リアディレイラー周辺】

【ホイール、ブレーキ周辺】

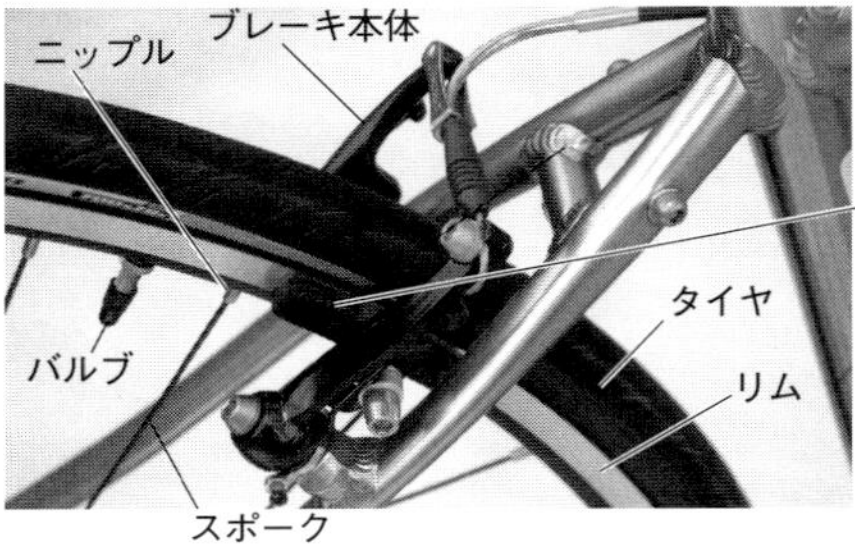

購入アドバイス

値段の差はどこにあるのか？

　スポーツサイクルの購入価格は、７万～８万円程度は考えておきたい。新聞の折り込み広告で見る自転車が６８００円で売られていることを考えると、約10倍（10台分！）と非常に高価だ。それどころか、愛好者になると、50万円という価格の自転車も珍しくない。初めてスポーツサイクルの世界に入って驚くのはその値段ともいえるだろう。

　ではその差は何か？

　フレームや構成パーツの材質、強度、軽さ、作動感、耐久性、仕上げ、ブランドイメージなどさまざまな要素がある。

　フレームやパーツの耐用年数については、タイヤやブレーキシューなどの消耗品を除き、それなりのメンテナンスをして、事故などに遭うことがなければ、半永久的といっても差し支えないほどだ。

　ビギナーだから安いもので十分と考える人が多いが、走り慣れていないビギナーほど、自転車のよさに助けられることが多いのも事実。自転車はスポーツの道具だが、同様に工業製品でもある。機械としてのクオリティが高ければ、それだけ扱いやすく、壊れにくいといえる。

　自転車はフレームにパーツを組み付けて出来上がっているので、最初に良いフレームの完成車を買い、必要に応じてパーツをグレードアップさせる手もある。私の周りを見てみると、なるべく良いものを買った人の方が、より自転車の魅力を享受し、結果として長続きしている傾向があるのは興味深い事実だ。

　ちなみに、ディスカウントショップで売られているＭＴＢ（表示をよく見てみるとＭＴＢルック車と書いてあったりす

自転車のパーツは主にコンポーネントによって成り立っている。そのグレードを見ると、その自転車のクラスが判別する

初めて自転車の専門店に足を踏み入れると、その値段に驚くことだろう。しかし機材を使うスポーツを始めるのだと考えると、スポーツサイクルだけが、特別に高価とは考えにくい

る）は、フレームに「悪路走行禁止」などとステッカーが貼られている。ＭＴＢのイメージを持ちながらも、オフロードに耐えうる強度を保障しないということだ。しかも本当のＭＴＢに比べてかなり重く、サスペンションも機能していない。実際に持ち上げたり、サスを押し比べてみると納得できるだろう。

予算はどのくらい必要か？

先に述べた理由で、予算が許せばハイグレードのものがより快適に走れることは確か。ただし、どこかで線を引かなければならない。クロスバイクでオンロードを軽快に走行することを楽しむとすれば、7万〜8万円程度がひとつの目安と考えてよいだろう。ドロップハンドルのロードバイクであれば10万円以上を考えたい。ＭＴＢの場合、オフロードの楽しみを求めるのであれば、リジッド（前サスのみ）ならば10万円前後から、前後サスペンションモデルならば、20万円台をひとつの基準と考えてよい。値段はブランドによっても異なるので、各社のカタログを見て、研究してみよう。

また、自転車以外にも初期投資は必要だ。最低限の工具類とヘルメット、ウエア類などで、少なくとも2万円程度の予算を見ておきたい。（80〜87ページ参照）

体に合った自転車を選ぼう

自転車は体に合ったサイズでなければ、快適に走ることはできない。自転車のサイズというと、26インチという数字を思い浮かべる人が多いが、それはホイールのサイズ。スポーツサイクルを考える人は、フレームのサイズを気にしてほしい。

フレームサイズは股下のクリアランスを知るのに重要な数値。BB（ボトムブラケット＝クランクの回転軸部）中心からシートチューブの上端までを表わす〝芯／トップ〟と、BB中心からトップチューブとの接点の中心までを表す〝芯／芯〟がある。また、トップチューブが水平ではなく、スロープしているタイプもあるので、詳しいことはプロショップで相談する方がよい。

トップチューブの長さは、ハンドルポジションを大きく左右する。ステム交換でもある程度の調整はできるが、まずはトップチューブの長さをチェックしよう。

またメーカーのカタログには対応身長が書いてあるが、これはかなり広めなので要注意。

どこで買うか？

自転車を扱う量販店やインターネットではより安価に自転車を買うことができる。だが、あえてスポーツサイクルの専門店で購入することを強く勧めたい。ちょっとしたサドルの前後位置や角度で「我慢するもの」と思っていた痛みが消えることもある。スポーツサイクルは乗り手にいかにフィットさせるかが重要で、多くの愛好者に支えられている専門店は、そうした悩みに対するノウハウをもっているからだ。

また、スポーツサイクルは買った後のメンテナンスも必要で、一般ユーザーができないことも場合によっては出てくる。そんなときのことを考えると、専門店が有利なのだ。

また、多くの愛好者は行きつ

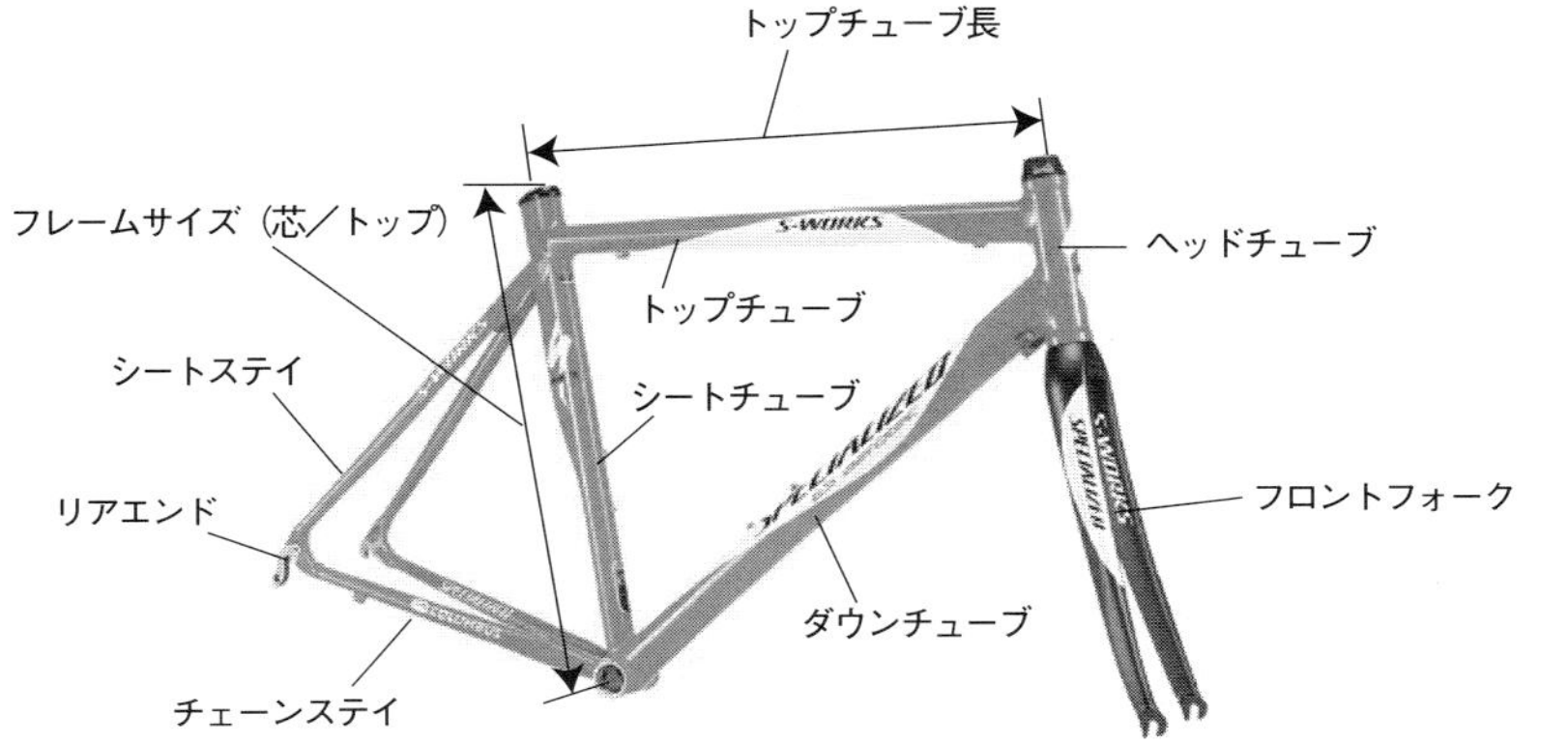

フレーム各部の名前

フィッティングの第二はハンドルまでの距離。ステムの長さなど、細かなフィッティングに対応してくれるのが専門店のよさだ

またがってみて、股下に余裕があることがフィッティングの第一

愛好者が集まっているショップは、ソフトも充実していると考えられる

けの専門店をもっている。仲間ができる機会になることもあるし、またどこを走ったらいいかなど、楽しみ方のノウハウも教えてくれるものだ。

ビギナーには入りづらい専門店も多いが、それらを気軽に受け入れてくれるところを探してみよう。

パーツのタイプ比較

　自転車は車種のバリエーションも豊富だが、構成する部品のタイプもさまざまだ。それによって自転車の性格も大きく変わってくる。多くの人が最初に迷う部品の違いについて紹介しよう。

ドロップハンドルとフラットバー

　ハンドルには、上半身を支える、ペダリング時に腕を引きつける、自転車をコントロールする、という役割がある。ブレーキングもハンドルの形状に大きく左右される。

　上半身を支える、腕を引きつけるという2点の動作のためには、手のひらは右の写真のように体（内側）に向いている方がやりやすく、その点でドロップハンドルは優れているといえる。また乗車中は、いろいろな

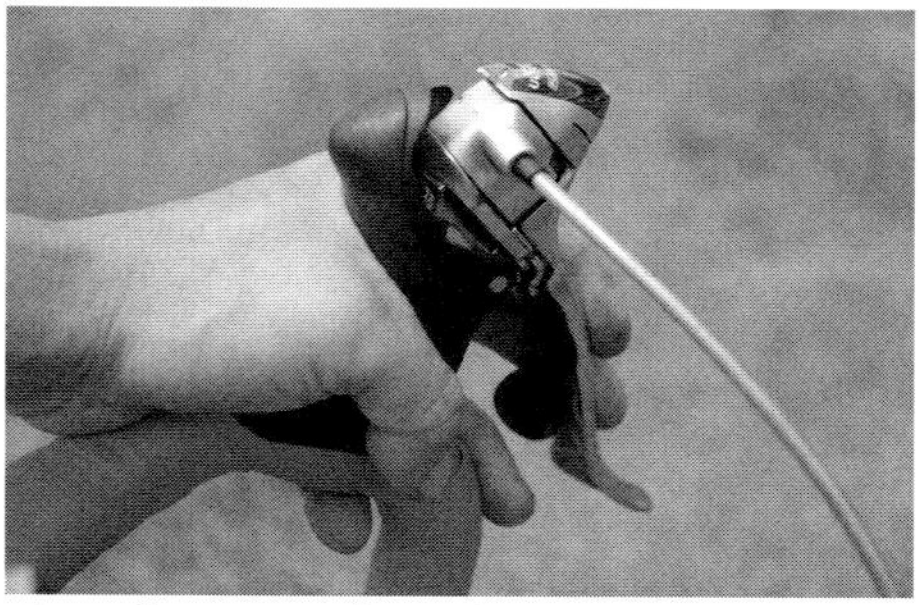

ドロップハンドルはブレーキ操作には慣れが必要

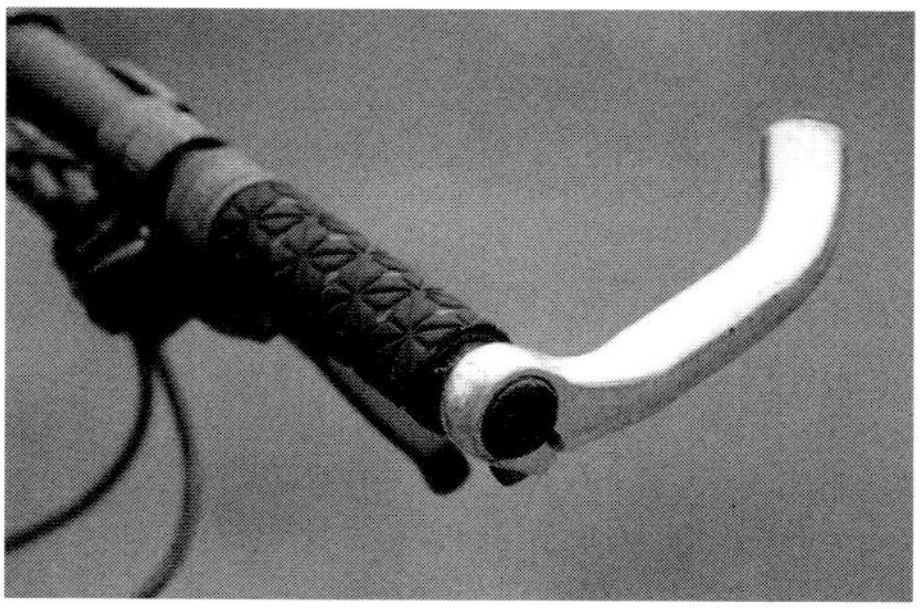

フラットバーとバーエンド

ところを握りかえることによって、腕や上半身などにかかるストレスを分散させることもできる。だが、ブレーキレバーを引くという動作は、どうしても不自然になってしまう、というデメリットもある。

一方のフラットバーは、ハンドルをコントロールする、ブレーキレバーを引くという動作はやりやすく、ビギナーでも違和感は少ない。だが、ハンドルポジションは一点に限られ、長時間の走行には辛いと感じる場合もある。そんな時にはフラットバーの両端にバーエンドというパーツを付け、握るポジションを増やすという方法もある。

ホイールサイズとタイヤ幅の違い

自転車の用途を最もよく表しているのは、実はタイヤだ。

オフロードユースを想定したＭＴＢには、ブロックパターンのタイヤがつけられているし、オンロードで使うクロスバイクやロードバイクは、ブロックのないタイプだ。

ロードバイクは多少取り扱いに注意が必要になっても、軽さ（＝速さ）を重視するため細めのタイヤを、クロスバイクは気楽に乗れるようにと、多少太めのタイヤを標準装備している。

また、ＭＴＢのブロックタイヤを細身のスリックタイヤに交換すると、オンロードを驚くほど軽快に走ることができる。ブロックによる路面抵抗がなくなるからだ。オフロード走行は難しくなるが、タイヤ交換によって快適なオンロード仕様となる。

太さを変える場合には、チューブの太さを交換する必要がある場合もある。チューブに、対応するタイヤサイズが書いてあるので見てみよう。

タイヤサイズは26インチの場合、26×2.1などと表記してある。26がホイールの直径を、2.1がタイヤの幅（インチ）を表している。27インチの場合は、７００×23Cなどとある。７００はホイールの直径が700㎜であることを、23はミリメートル表示のタイヤの幅だ。混乱しやすいが覚えておくと便利だ。

　ではなぜいろいろなサイズのホイール径があるのか？

ホイールのサイズの違い（18インチと27インチ）

　26インチや27インチ、あるいは小径車の18インチ、20インチなど、自転車にはいろいろなサイズのホイールがある。

　MTBは26インチ、ロードバイクは27インチが標準だ。これはホイール径が小さい方が、ホイールの重量が軽くなり、踏み出しや上りが多いときに有利となるし、取り回しがよいというメリットがあるからだ。

タイヤの種類

　逆に大きいと、踏み出しは重くなるものの、スピードに乗ってしまえば、慣性によってスピードの維持が容易だ。長距離の高速走行を前提にしたロードバイクは、そのために27インチを標準装備している。

　小径車といわれる自転車は18インチなどの極端に小さなホイールを採用している。小径車の得意とするフィールドは街中であることが多く、ストップ&ゴーが多い。つまりは踏み出しの軽さを重視しているということなのだ。

バルブのバリエーション

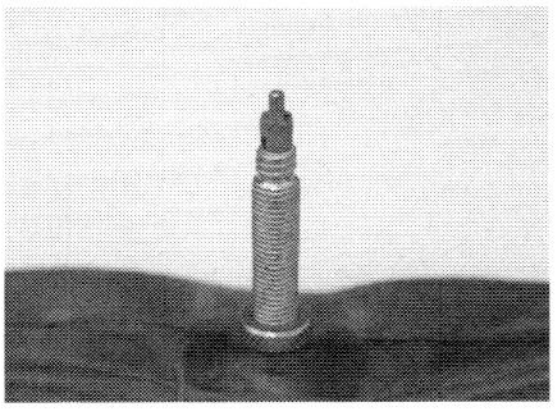

■プレスタバルブ（仏式)

フレンチバルブともいう。微妙な空気圧の調整をしやすい。ロードバイク、ＭＴＢ、クロスバイクなど、多くのスポーツサイクルに使われている。先端のネジを緩めることで、空気を入れたり抜いたりができる

■シュレーダー（米式）

自動車やモーターサイクルと同じ形状。ガソリンスタンドのポンプで、一気に空気を入れることもできる。耐久性も高い。バルブの先端にピンがあり、それを細いもので押すと、空気が抜ける

■ウッズバルブ（英式）

ウッズバルブは買い物用自転車に普及しているが、空気圧の調整をしづらいなど、スポーツライドには不向き。バルブ内の虫ゴムは、長く使っていると劣化するので交換が必要

ブレーキのタイプ

Ｖブレーキはメンテナンスが手軽、軽い、コストが低いなどがあり、ＭＴＢやクロスバイクなどを中心に普及している。反面、雨や泥の中では利きは極端に落ちるし、ブレーキシューも驚くほど減る。泥の中でハードに使うと、新品のシューが１日でなくなることもある。

オイルディスクブレーキはブレーキタッチが軽く、コンディションに左右されにくい。また、ブレーキ本体がタイヤから離れたところにあるため、泥づまりしにくい、転倒などでリムが歪んでも走行可能などのメリットがある。デメリットとしては、

Vブレーキ

オイル交換には慣れが必要となること。また、自転車を倒立させてはいけない、ホイールを外した状態でブレーキレバーを握ってはいけないなどの注意点もある。

　メカニカルディスクブレーキ

ディスクブレーキ

は、ワイヤーを使って作動させるので、オイル式のような神経質さはない。ただし、制動感はオイル式には及ばない。

　一方、ロードバイクの主流はサイドプルブレーキだ。Vブレーキはフレーム（シートステー）

サイドプルブレーキ

の台座にセットし、それを押し広げるように作動するので、その部分のフレーム強度が必要となる。しかしサイドプルブレーキは、フレームにかかる負担が少なく、フレームも軽量にできるというメリットがある。

ビンディングペダルと フラットペダル

人間の力を自転車に伝えるポイントはペダルだ。スポーツサイクルを楽しむなら、ビンディングペダルはぜひ使いたいアイテムだ。

ビンディングペダルとクリート

フラットペダル

ビンディングペダルとは、専用シューズの裏にあるクリート（金属もしくは樹脂製の爪）が、機械的にペダルに固定される仕組み。ペダルからシューズを外すときは足をねじる。スキーのブーツがビンディングによってスキー（板）に固定されるのと同じようなイメージだ。

このメリットは、①ペダル上の正しい位置に足を乗せられる（144ページ参照）、②ペダルを踏むだけでなくスムーズに回転させることができる、の2点だ。

ビンディングペダルとクリートは、各社によって形状が違い、互換性がない。ロードバイク用のシューズは、クリート部分が靴底よりも出っ張っているので非常に歩きにくいが、ＭＴＢ用はクリートがソールの中に入っているので、自転車から下りたときに歩きやすいというメリットがある。

一方のフラットペダルとは、通常のスニーカーなども使用できる（底が固い方がペダリングには有利）ことと、瞬時に足を着くことができるなどのメリットがある。このことはオフロードでは特に安心感を与えてくれる。

スポーツサイクルをゼロから始める場合は、フラットタイプのペダルで慣れてから、ビンディングペダルに移行すると、違和感は少ない。

揃えたいプロテクタ・アクセサリ

スポーツサイクルは機材スポーツともいわれ、使用するギアによっても、快適さが左右される。また、周辺ギアの種類の多さも特徴だ。

なければ走れないものばかりではないが、うまく取り入れることで、より安全に、より快適に、そしてより楽しく走ることができる。必要なアイテムを買い足していこう。

■プロテクタ

ヘルメット
厚さ3㎝前後の発砲スチロールの外側をプラスチックのシェルで覆ったものが主流。重量は300g前後。かぶっていて首が疲れたりするような重さではない。スピードが出ていなくとも、転倒して地面に頭をぶつければ、大怪我になる。ヘルメットはもはや標準装備といってよい

グラス
ライディング中は風が目にしみるし、ホコリや虫なども飛び込んでくる。さらに、路面が濡れていれば、前輪が巻き上げた泥も目に入ってくる。強い紫外線から目を保護するだけでなく、アイプロテクションと考えておきたい。レンズ交換できるタイプが便利だが、特に濃いレンズは、トンネルや木陰に入ると見えにくくなり危険だ

グローブ
長い時間ハンドルを握っているので、手のひらや指にマメができないようにするためと、転倒したときに手のひらを保護するため、防寒のためなどに使用する。手のひら側が必要以上に厚手のものは、握ったときに必要以上に握力を使ってしまうので、バイクライドには向かない

■アクセサリ

ボトル＆ケージ
ライディング中はこまめに水分を補給することが大切。飲み口を引っ張ると開き、押すと閉まる。これを歯先でできるので、走りながらでも飲める（ペットボトルは走りながら飲めない）。ケガをしたときに傷口を洗い流すなど、水の用途は広い。ボトルをフレームにつけるボトルケージは必需品

テールライト
これ自体が点滅するので、クルマからの視認性も高い。夜間では必需品であるし、トンネル内を走るときにも有効なアイテム

ライト
暗いところを照らすというためだけでなく、自分自身の存在をクルマなどにアピールするという意味合いも大きい。LED（発光ダイオード）を使用したタイプは、明るく、しかも、電池が長持ち

ベル
道路交通法上、取り付けが義務付けられている。歩行者の後方などから、自転車の存在を知らせるときに使用するが、歩道上は歩行者優先なので、声をかけて知らせよう

サドルバッグ
修理用品や工具、スペアチューブなど最小限の携行グッズを運ぶのに便利なバッグ。中に入れた工具などが振動で揺れないように、外側からベルトなどで締められるタイプが使いやすい

ハートレイトモニタ
胸につけたセンサーで心拍数を計測。これによって走行中の運動強度を測ることができる（164ページ参照）

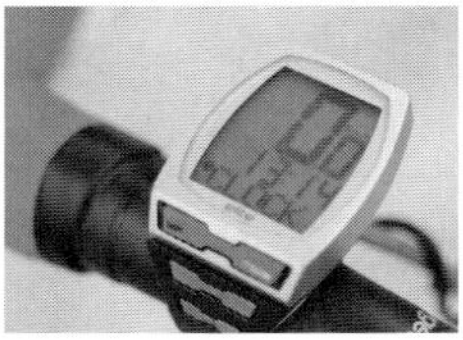

サイクルコンピュータ
あると楽しく、役に立つのがサイクルコンピュータ。走行速度、最高速度、平均速度、走行距離、積算走行距離の計測や、時計、ストップウオッチなどが基本。高度計が付いているものもある

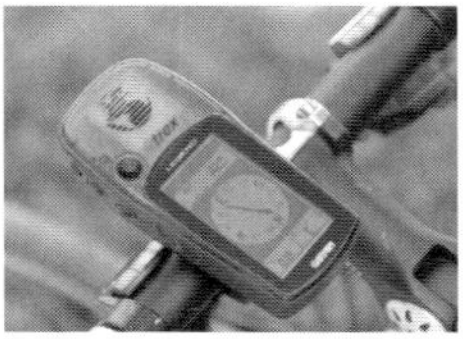

ハンディＧＰＳ
ナビゲーション、現在地把握、走行記録など、GPSの可能性は今後もより広がると考えられる。走行記録を、距離と標高を記したグラフにできる。これは走行上、重要な情報となる

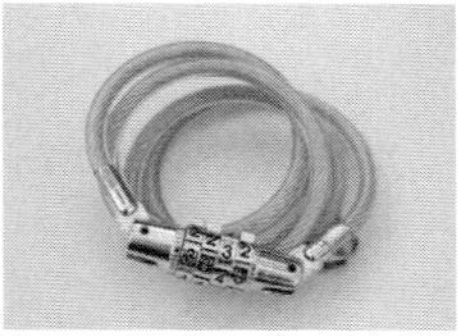

ワイヤー錠
ホイールやサドルはクイックレバーで簡単にとれるので、それらも絡めて、電柱などの固定物につないでロックする

ミニポンプ
走行中のパンクは起こりうるもの。自分で直せるようにしたい。そのためには携帯用ミニポンプは必需品。口金のパッキンの向きを変えれば、仏式、米式バルブに対応できるものが多い

■荷物を運ぶ

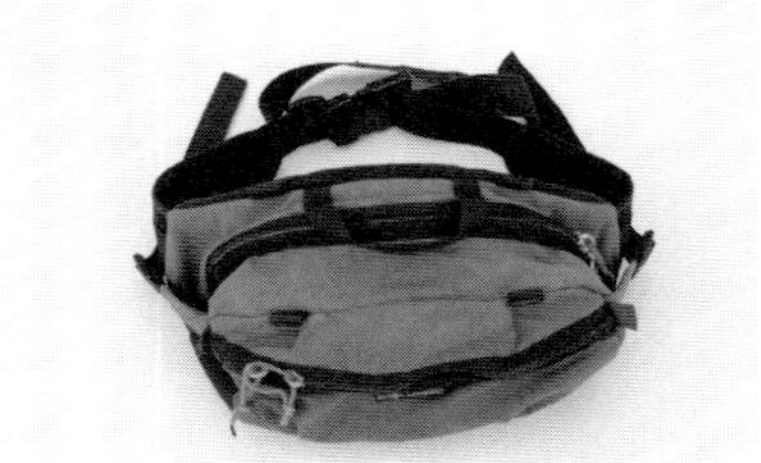

ウエストバッグ
背中が蒸れにくい、荷物を取り出しやすいなどのメリットがある。デイパックに比べて、容量は大きくはない

デイパック
最も一般的なスタイル。自転車の前傾姿勢に合わせて、背負いやすいものを選ぶ

リアキャリヤ
シートポストにバンド止めするキャリヤは、少し装備を増やしたい時に便利。キャリアに取りつけるバッグもある

フロントバッグ
ハンドルバーにアタッチメントを取り付け、ワンタッチでバッグ本体を取り付けることができる。ちょっとした荷物を入れるのに便利

ウエア

ウエアに求められる機能は3つある。①汗の放出、保温性などに優れていること、②ライディングポジションで動きやすいこと（ペダリングしやすい、前傾姿勢でも腰をしっかりカバーするなど）、③裾がギアに引っかからない、お尻が痛くなりにくいなど、自転車との相性がいいことである。また、明るい色のウエアは、クルマなどからの視認性が高く、より安全といえる。

最も基本的なウエアは、パッド付きバイクパンツにバイクジャージ。最初は誰しも、タイトなシルエットに戸惑うが、風のバタつきがないことと、サドルなどに擦れにくいことで、愛用者は多い。また自転車用ウエアは伸縮性に富んでいるので、深い前傾姿勢をとっても、突っ張る感じが少ない。

タイトなウエアに抵抗のある人は、ゆったりしたものでもよい。肌に触れる部分は、コットンよりも、汗の放出性にすぐれたアウトドア用のアンダーウエアを使用すると快適だ。

タイトなジーンズなどは、ペダリング運動がしづらい。歩きに比べて、関節の可動量が大きいからだ。ストレッチタイプやゆったりフィットのパンツの方が、ペダリング向き。そのときには右側の足首をストラップやゴムバンドなどで止めておく。ギアにひっかかったり、チェーンで汚れるのを防ぐためだ。

気温が低いとき薄手のウエアを数枚、レイヤリング（重ね着）する方が有効。走り出しは寒くても、走っていると汗をかくことも多い。ダウンジャケットのような分厚いウエアは、調節がしづらいからだ。そのレイヤリングは、汗の放出性に優れたアンダー、体温を蓄えるミッド、外の風をシャットアウトするアウターシェルの、3種類に分けて用意し、気温に合わせて重ね着をする。

バイクジャージとバイクパンツの組み合わせ。ライディングを第一に考えると理想的にはこの組み合わせになる

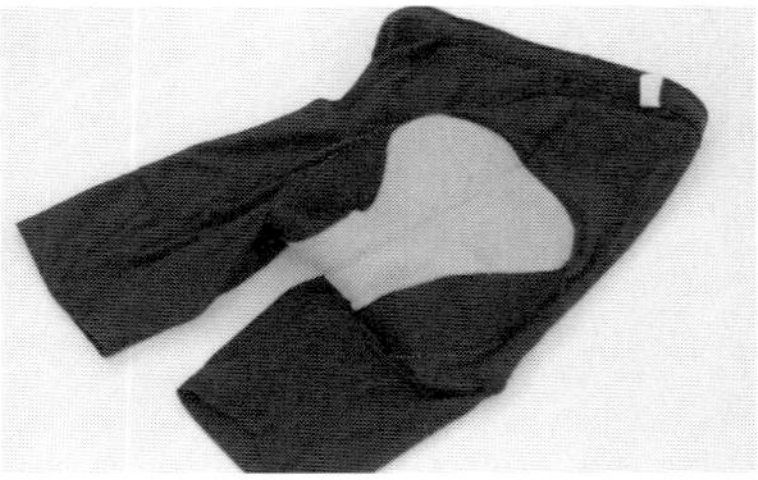

パッド付きパンツは、お尻が痛くなりにくい

お尻の辺りに縫い代の重なった厚手のパンツは、サドルと擦れて、オシリが痛くなりやすい

必要な工具

メンテナンスやトラブルシューティングのために工具は必要。一般工具はホームセンターなどで、専用工具は自転車プロショップで買うことができる。必要に応じて買い揃えていこう。

ボルト類の回転方向は水道の蛇口と同じで、時計回りで締まり、反時計回りで緩むが、左側のペダルや、ＢＢ（ボトムブラケット＝クランクの回転軸部）の右

【一般工具】
◎は最低限必要なもの

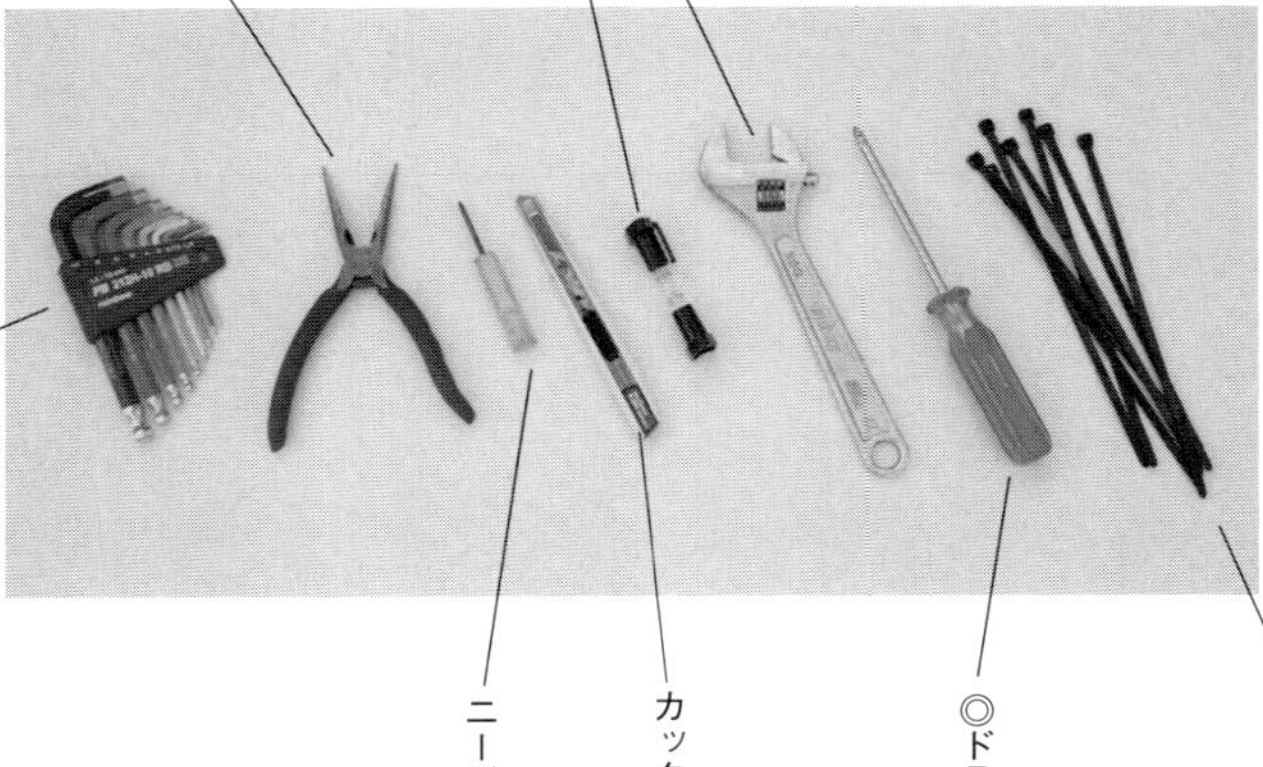

側など、逆向きになっている個所もある。
　また、精度の悪い工具、サイズの合っていない工具を使うと、角をなめてしまい、ボルトを傷めることもあるので要注意。ボルトなどの締め付けには、指定トルク（締め付ける強さ）がある。詳しくは専門店に相談してみよう。

【専用工具】
◎は最低限必要なもの　○はあると役立つもの

バイクスタンド
○フロアポンプ

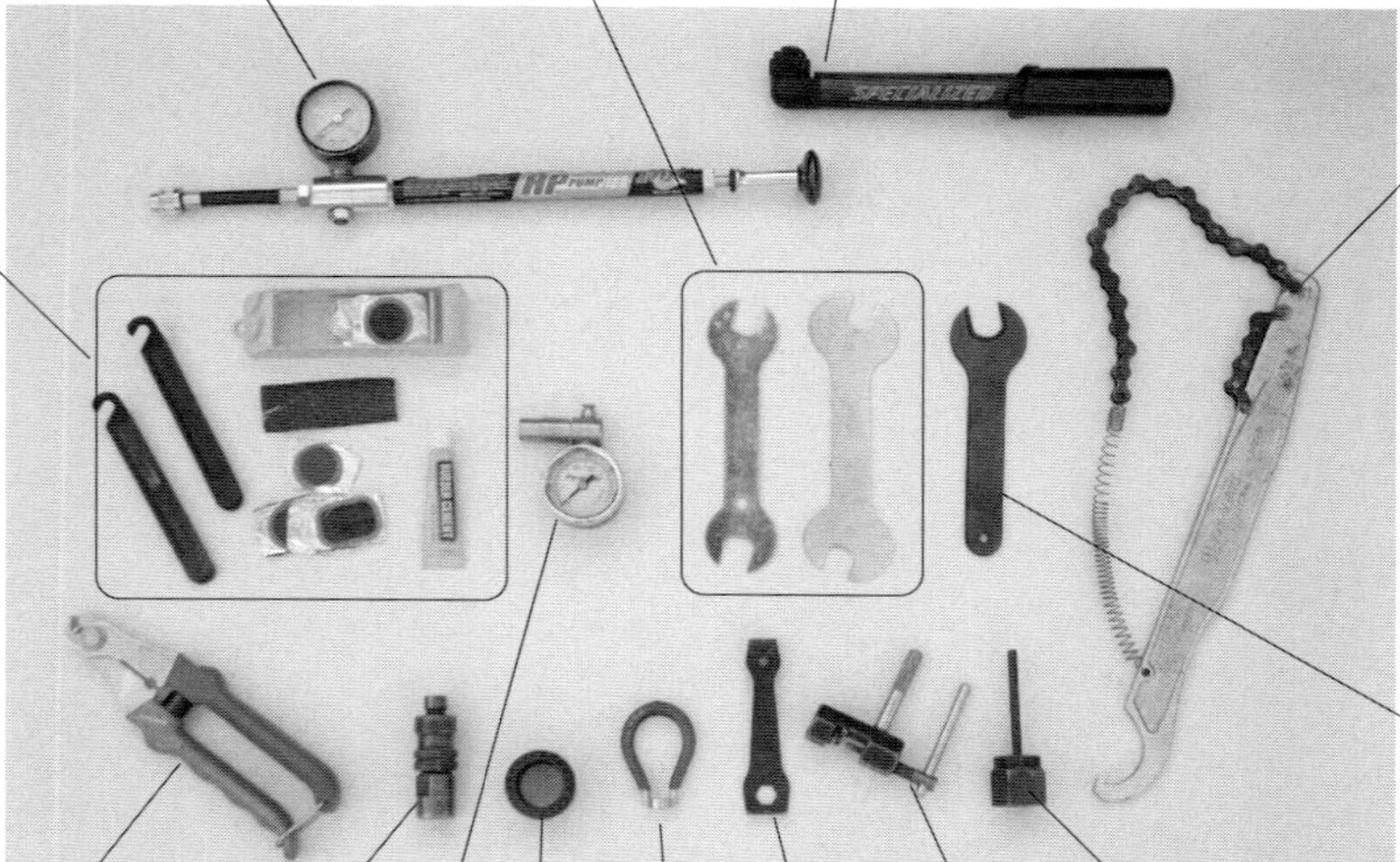

ケミカル

ホームセンターで売っている潤滑オイルは、油分の簡単なクリーンナップから注油までをカバーする便利なものだが、油分が乾きやすいので、頻繁に注油する必要がある。パーツクリーナーも油分を取り払うものとして重宝する。

スポーツサイクル用の潤滑オイルは、油分が長持ちしやすいタイプや、ドライタイプといってホコリを吸い寄せにくいものがある。水置換性のオイルは、濡れた部分に注油しても、オイルが水分の内側に浸透する優れもの。シリコン系のオイルやグリスは、樹脂を傷めないので、樹脂などのような非金属部分にも安心して使用できる。

グリスはベアリング部分や、ネジの溝の部分に使用する。ロックタイトとはネジの緩み止め防止剤だ。ケミカルも用途によって細分化している。

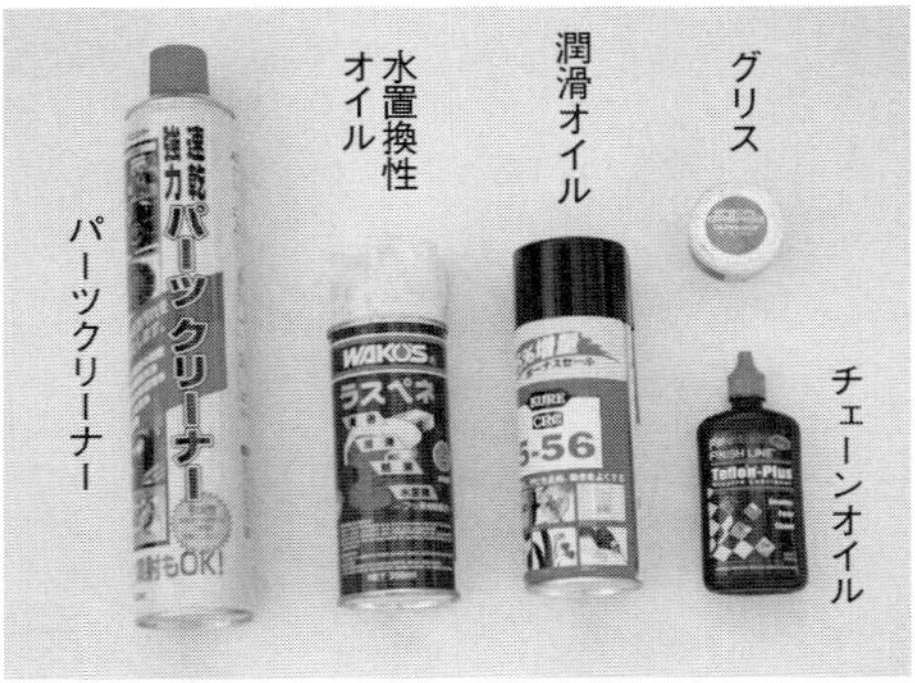

走行時の携帯工具

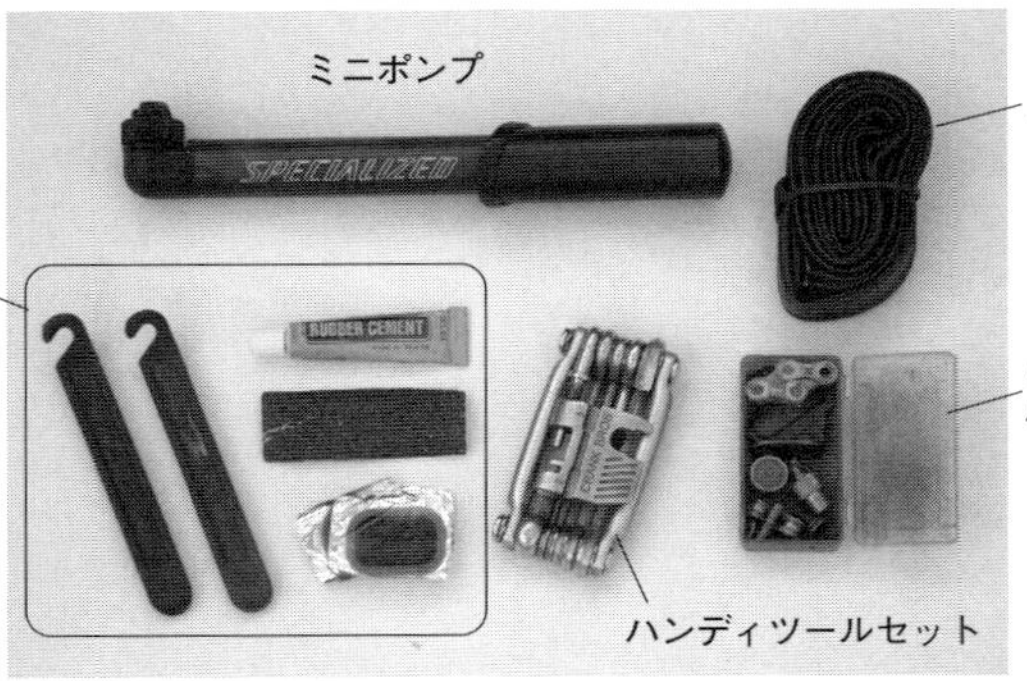

コラム

自転車はお尻が痛くなるもの?

自転車で50㎞走る。そう聞くだけで「お尻が痛くなりそう」と思う人は多い。買い物用自転車は、体重のほとんどがサドルにかかるため、お尻が痛くなりやすい。その点スポーツサイクルは、ハンドルに体重が分散され軽減されるので大丈夫、のはずである。だが実際は、買い物などよりもはるかに乗車時間が長いため、痛みは出やすい。

お尻の痛みの原因は、路面からの振動、摩擦、圧迫、ポジション不適合、サドルの形状のミスマッチなどさまざま。解決法をいくつか紹介しよう。

自転車はお尻が痛いもの、我慢するものと思っている人も多い。だが、ちょっとしたことで、その痛みから解放され、「もっと早くからやっていればよかった」と喜ぶ人も多い。なかなか人に言いづらいこともあるが、いろいろと試してみよう。

バイクパンツを履く

バイクパンツのパッドが、振動と摩擦を軽減してくれる。素肌に履くのが基本。バイクパンツの中にコットンの下着を着る人がいるが、汗などにより摩擦が増えて逆効果。タイトなシルエットに抵抗がある人は、バイクパンツの上に、ショートパンツを組み合わせればよい

立ちこぎする

走行時は常にお尻が圧迫され、血流が妨げられている。走行中、5分に1度でもよいので、数秒間の立ちこぎを入れることで、お尻の血流は促される

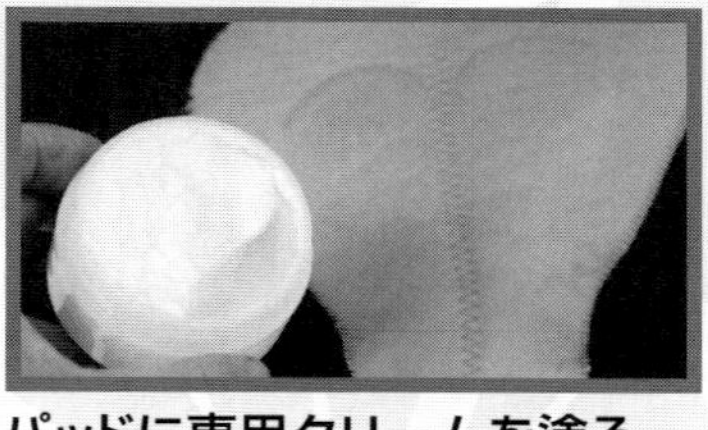

パッドに専用クリームを塗る

ワセリンでもよい。摩擦による痛みが格段に減る。慣れないと抵抗があるが、効果は大きい

ポジション、サドルの見直し

尿道周辺に違和感がある場合、サドルが前上がりになっていないかチェックする。また、若干前下がりにすることで、痛みが驚くほど解消したという例も多い。サドルとの相性もある。柔らかさや幅、形状などさまざまなので、痛みを感じる場合には、他の人のサドルに試乗させてもらうなどして試してみよう

パーツの交換

シートポストもショック吸収性のよいカーボン製や、サスペンション機能をもったものもある。路面からの振動は確実に少なく快適だ

20km
3.まずは近くを走ってみよう

買い物用自転車でも走れるのだ

20kmを走るのは、スポーツサイクルでなくとも可能だ。もちろんスポーツサイクルの方が快適だが、とりあえず一家に1台は必ずあるような買い物用自転車でも走れる。20km走行用に、買い物用自転車に手を入れてみよう。

　やることは①サドルを上げる（118ページ参照）、②タイヤに空気を入れる（122ページ参照）、の2つだけ。これだけで自転車のスピードはグッと上がる。

　自転車はなるべくいいものを買う方が、その醍醐味を満喫できるし、長続きするのは前に書いたとおり。ただし、楽しみを知る前にそれなりの出費をすることに、ためらいがあることは誰しも同じ。であれば、周りにある買い物用自転車をチューンナップして、まずは風を感じてみよう。

　チューンナップといっても、サドルを上げて、空気を入れるだけなので、金銭的な負担もない。チェーンから金属音が聞こえるようなら、チェーンに注油しておこう。これだけでも自転車本来のもつ快適さを感じることはできるのだ。

　そして大切なことは、自転車を楽しんで乗ろうという気持ち。日常生活で自転車に乗る場合は、買い物や通勤、通学などの足代わり。歩きよりは速いし、クルマのように渋滞や駐車場に困ることはないけれど、荷物を積んだり、雨のことを考えるとクルマの方が便利。そんな日常の中で自転車は、微妙な便利さがあるから使っているのでは？　せっかくの休日にあえて自転車に乗るのだから、ペダリングしながら感じる風を意識してみよう。きっと新鮮な発見があるに違いない。

持ち物やウエアなども気にせず、とりあえず走り出してみよう。目的地を決めてもいいし、片道30分から1時間くらいと決めて、出かけてもよい。ひとつだけ気にしておくことがあるとすると、交通量の多い近道よりも、遠回りでもいいので、安全で、のんびりと走れる道を選ぶこと。遠くに行くという達成感もよいが、まずは気持ちよく風を感じられそうな道を探してみよう。

　最初から20㎞を走り切ろうと考えると、プレッシャーも出てくるので、適当に思いつくまま走る方がよい。信号で止まることが少ない道ならば、片道1時間、往復で2時間走ると、20㎞くらいにはなるもの。どのくらい走ったかは、帰宅してから地図を見て初めて知るくらいでよい。20㎞に届いていたら、大いに自分をほめてよいだろう。

　このようにすれば、買い物用自転車でも20㎞程度は走れてしまう。ただし、買い物用自転車には限界がある。それは変速ができないことと、前傾姿勢ではないことだ。変速ができないために、スピードに乗ってくると、ギアが軽く感じてしまう。

　また、前傾姿勢ではないということは、お尻にかかる体重が多いということで、圧迫されて痛くなりやすいということ。そうなったらスポーツサイクルの出番となる。

買い物用自転車でも、タイヤに空気を入れ、サドルを上げるだけで、見違えるような走りをしてくれる

プランニング

前項では、買い物用自転車でもいいので、目的地を決めずに片道1時間を目安に走ってみようと提案した。次は、さらに楽しみを広げるために、自転車で街や周辺を探検してみようではないか。

東京であれば（現実的ではないが東京駅周辺に住んでいると仮定して）皇居の北側を通り、靖国神社、四谷、迎賓館、神宮外苑、青山霊園、六本木、麻布十番、東京タワー、日比谷、東京駅と回って約20㎞。日曜ならそれほど交通量もないだろうから、日比谷通りといった大きな道を走ってもいい。

また、日曜には皇居の東側に位置する内堀通りや神宮外苑は、クルマをシャットアウトしたサイクリングロードになっている。あまり知られていないが、ウイークデーはクルマで溢れている道の真ん中を、自転車で走れるのは、この上ない快感だ。

自転車ならではの機動力と、小回りのしやすさを生かして、下町の路地裏を探検してもいい。普段、地下鉄で移動している人は、街と街のつながりが実感できるだろう。点と点がつながって線となり、1日走ると面になるという感覚がつかめるに違いない。

このような走り方を、最近では自転車散歩と呼んで、多くの人に親しまれている。歩きにはない機動力と、クルマにはない小回りのよさを生かした、自転車ならではの行動範囲と視点が魅力だ。

速く走る、あるいはゴールを目指して走るのではなく、その瞬間自体を楽しむ。そして気が付いたら、一日中走っていた、となるのが自転車散歩の魅力だといえる。

走行距離はともかく、自転車

意外と知られていないが、雨天以外の日曜は、皇居東側周辺は、クルマの入れないパレスサイクリングロードとなっている

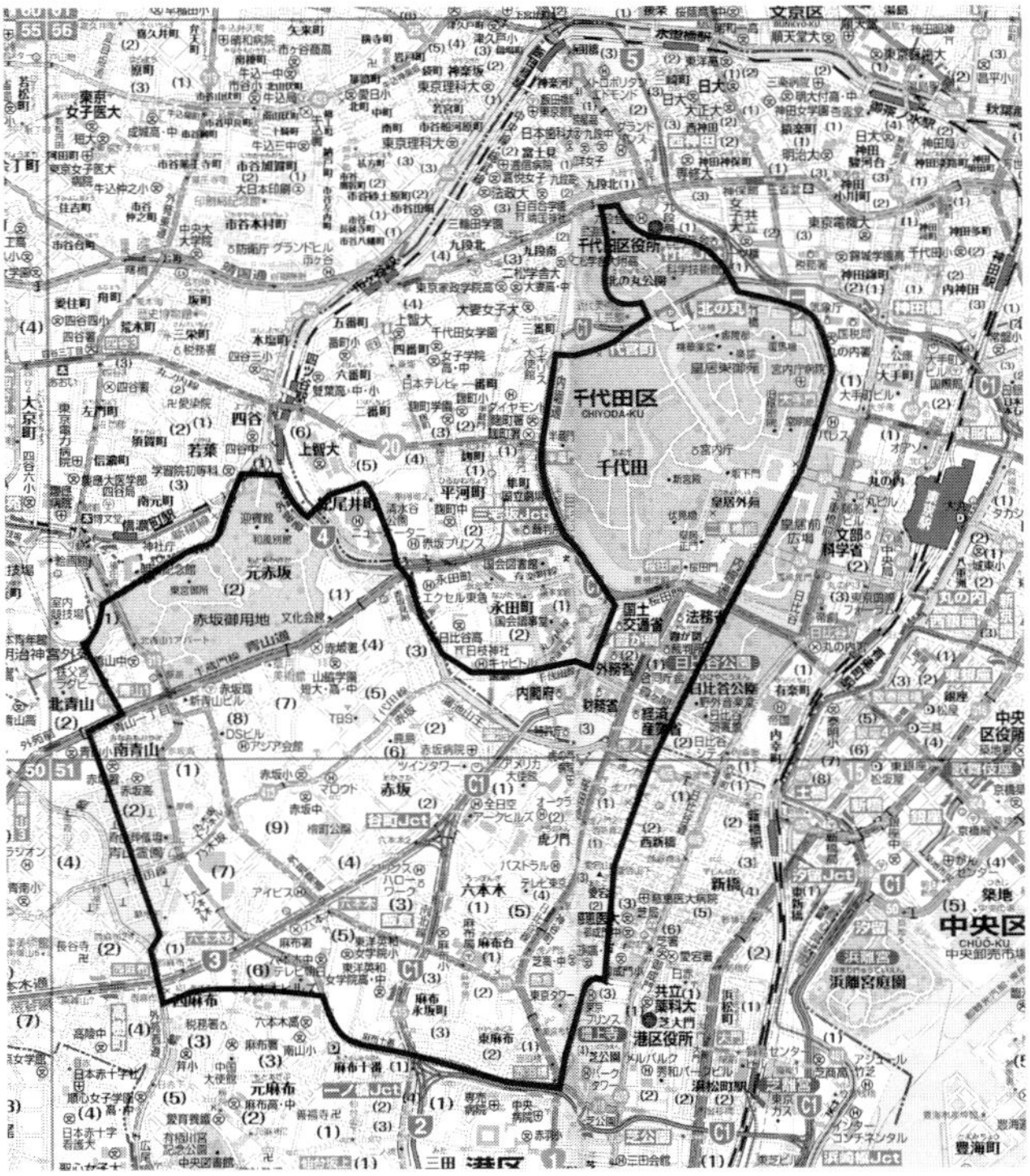

都心の自転車散歩・ルート例　このように回って約20km。地図：(株)昭文社スーパーマップル3関東道路地図

自転車散歩のガイドブックは、いろいろ出ている。
徒歩用のガイドブックなども活用してみよう

自転車のスピードと行動半径、そして小回りの
利くところは、都市の散策にも向いている

への乗車時間が長くなるほど、買い物用自転車よりも、スポーツサイクルがラクだ。また、東京に限らず、日曜の都市を走るのは興味深いことが多い。誰しもが都市に住んでいるわけではないので、それ以外の人はクルマや電車などで、自転車を運んで走ることをオススメしたい(96～99ページ参照)。

　自転車を運ぶということを考えても、スポーツサイクルは手軽にそれができて便利だ。

　自転車散歩には何冊かのコースガイドも出ている。また、インターネット上でも多くの愛好者がコース紹介をしている。「自転車散歩　東京」などのキーワードで検索すると、いろいろな情報が得られる。自転車情報に限らず、散歩やウオーキングなどをキーワードに検索しても、選ぶのに困るほどのサイトがヒットするだろう。

　また、食べ歩きや、七福神めぐり(もともと歩きのために設定してあるので、自転車散歩にもちょうどいい)などのようなテーマをもたせると、その自転車散歩は、より興味深いものになるに違いない。

　実際に走り出してみると、自転車散歩をしている人が多いことに気づくだろう。そうした人と情報交換することも、また楽しみを広げてくれるものだ。

直線ライド

通常、自転車で走るルートを考える場合は、道が前提にある。どの道を通ってどこまで行こう、などというものだ。ちょっと発想を変えて、地図上にA地点とB地点を結ぶ直線を引き、なるべくそれに沿って走ってみるというものだ。その直線沿いに道路があるとは限らないので、回り道を余儀なくされたり、思いも寄らぬ路地裏に入ることになる。地図と首っ引きで、ずっと道に迷っていることになるかもしれない。だが、そこには自転車ならではの、思いもよらぬ発見があるだろう。

この路地をサイクリングしたのは、自分が初めてだろう。そんな気分も味わえる

A・B地点を直線で結び、なるべくそれに沿って走ってみる。地図の縮尺は、路地裏の道が出ているような、なるべく細かなものがよい。地図：(株) 昭文社「街の達人でっか字東京23区便利情報地図」

自転車を運ぶ

スキーはスキー場で楽しむ。カヌーも同じように、楽しめるところに移動するのが当たり前だが、自転車はどうか？幸い自転車は自宅から出発できるというメリットもあるが、最も楽しいところまでが、交通量の多い道を通らなければならない場合や、それが遠くにある場合は、スキーやカヌーと同様に、アプローチの手段を別に考えることもできる。

車で運ぶ

ワンボックスカーなどがあれば、買い物用自転車でも運べなくはないが、前後のホイールを簡単に外せるスポーツサイクルであれば、より手軽に移動でき、可能性は広がる。

運搬の方法は、①クルマに載せる、②輪行といって自転車を袋に入れて、列車などの公共交通機関を利用する、の２つがある。まずはクルマを利用する方法を紹介しよう。

キャリヤを使わない場合

前後のホイールさえ外せば、セダンのトランクルームにも２台は積める。後部座席を利用すれば、さらに収納力は高まる。このときに金属どうしが当たらないように、古い毛布などを使おう。

荷室や車内に積み込むと、キャリヤを使って車外に固定するよりも、運転中に空気抵抗を受けにくい。自転車が傷みにくいというメリットもある。

キャリヤを使用する

ルーフキャリヤとして一般的なタイプが、フォークダウン式といわれるもの。前輪を外してフロントフォークを固定する。積み降ろしもラクで、運転中の空気抵抗も、比較的少ない。前輪は別のマウントに固定するか、車内に積む。この他に、前後のホイールを外さず、そのままルーフキャリヤに固定する正立式、自転車をさかさまにして固定する倒立式、そしてクルマの背面を利用するリアラックなどがある。

RVのラゲッジルームは荷室が広いので、より多くの積載が可能

キャリヤはなくともかなり積める。自転車の前後輪を外すと、後部座席にも2台は入る。古毛布やブルーシートを使い、自転車の金属部分が擦れないよう保護する

前輪を外して使う、フォークダウン式のルーフキャリヤ。前輪は車内に入れるが、それでも車内は広々としている。クルマの背面を活用するリアラックもある

列車に乗せる

輪行とは自転車を分解して、専用バッグにパッキングして、公共の交通機関に手荷物として持ち込むことをいう。日本独自の自転車輸送のスタイルといってもよい。輪行は鉄道が一般的だが、それだけでなく、バス、飛行機、船、タクシーなど、多くの交通機関で使える。

自転車を分解するといっても、何ら複雑なことはなく、前後ホイールを外すだけ。工具も使わなければ、ほとんど手を汚すこともない。慣れたら5分とかからないだろう。

だが、輪行バッグに入れた自転車はスポーツサイクルといえ

ども、それなりに重い。持って歩くのは駅構内での乗り換えがせいぜいで、大きな駅での移動は、ラクではないことも知っておきたい。

さらに、パッキングしたサイズは１ｍ四方あるので、通勤ラッシュなどの時間帯に持ち込むことは不可能と考えよう。また、列車内に持ち込んだら、邪魔になりにくい入り口脇の手すりなどに、ストラップベルトで固定する。列車内の最前部か最後部の壁を利用する手もある。グループの場合は、輪行袋をまとめて置かずに、別の入り口に分けるなどして、通行の妨げにならないよう配慮しよう。

ＪＲ各社は無料。長距離バスなどは持ち込みできない場合もあるので事前に確認が必要だ。

輪行のメリットは、遠くまで行けるということ。飛行機に載せるときにも、基本的には輪行となる。この方法を知っていれば、世界中の道を自転車で走れることになるのだ。

また、コース設定に自由度が大きいことも長所だ。クルマを使ったアプローチでは、スタートとゴール地点を同じにしなければならない。輪行であれば、交通機関のあるところなら、どこでもスタートとゴール地点にすることができるのだ。日本の鉄道とバス路線は、かなり細かいところまでカバーしている。自宅から時間と体力の許すところまで走って、あとは列車で帰るということもできる。アイデア次第では、標高の高い駅をスタート地点に選んで、下り中心のコース設定にすることもできるし、冬の北風を逆手にとって、追い風に乗って走るようなプランニングも可能だ。

クルマのように自分で運転する必要がないこともいい。夜行の寝台列車を利用して、朝もやがかかるのどかな駅から走り出すのも、旅情を誘う。岐路も列車の中でビールでも飲みながら、１日を振り返ることもできる。

■輪行の手順

②輪行バッグを広げて、ホイールとフレームを置いてみる。どう収まるかを最初にイメージしておく

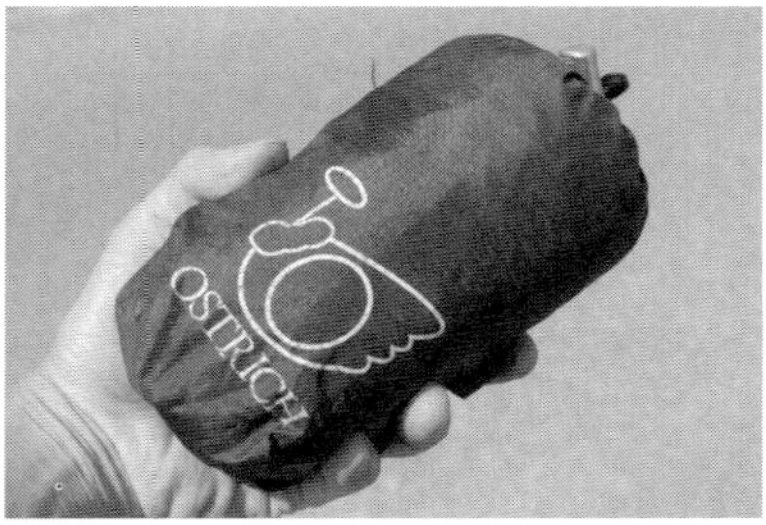

①小さな輪行バッグはこのくらい。自転車に縛り付けても気にならないサイズだ

④フレームを輪行袋に入れ、ショルダーストラップを付ければ出来上がり

③ストラップを使って、前後輪をフレームに結びつける。リアディレイラーにガードを付けると、より安心だ

■飛行機にのせる

自転車が梱包されていた箱を使う手もある。バイクショップにたずねてみよう

飛行機のチェックインラゲッジとして扱うなら、厚手でパッド入りの輪行バッグが安心

ゲーム感覚でバランスの練習

自転車に乗るのにテクニックが必要か？　多くの人は、ただペダルを踏み続けるもの、と思いがち。安全に乗るためには、バランス感覚を磨いておく方がよい。ここで紹介することは、できる人と、できない人がはっきり分かれるもの。しかし、遊びながらやれば、いつの間にかバランス感覚が増すというものだ。

　場所はクルマの少ない駐車場。クルマ1台分の区画の中で、Uターンしてみよう。

　ポイントは、白線ギリギリに、なるべく大回りすること。そのためにはゆっくりと進むことが必要だ。これは2輪では非常に難しい。自転車は、スピードが出ることで左右に倒れにくくなるからだ。ゆっくり進むときには、サドルからお尻を浮かせると、重心が低くなり、低速での安定感が増す。

　また、狙ったラインを進むためには、視線が重要。スキーでもクルマの運転でも、見ている方向に吸い寄せられる。行くべき方向を見ることが重要だ。

　一方向ができたら、逆回りしてみよう。人によって、得意な回り方があるようだ。安全走行のためにも、自分はどちらの回り方が得意かを、知っておく価値はある。

　Uターンができたら、8の字を描いてみる。さらには、その区画内にボトルなどを置き、それを倒さないようにクリアする。後輪の軌跡も意識できるようになれば、バランス感覚は相当磨かれたと思ってよい。何人かいたら、チーム分けして、競うと楽しい。1人のトライに対して5点満点の減点法で採点し、1回の足つきや、ボトルを倒すと1点減点として、チームの総得点で競うのだ。

駐車場の１区画でＵターン。カーブの先を見ることで、肩のラインもそちらに向き、結果としてハンドルもその方向に切れる。ボトルを置くと、難しいがよい練習になる

■段差越え

舗装路のひび割れや、継ぎ目など、走行する道には小さな段差は多い。大きな段差は自転車から降りて押さなければならないが、タイヤの直径と同じ程度の高さの段差であれば、乗ったまま通過することもできる。といっても、派手にジャンプする必要はない。重心を前後に移動させるだけで可能だ。

①段差が近づいたら沈み込む

②前輪が段差に当たる瞬間に、一気に伸び上がり、ハンドルを引き上げる。前輪は宙に浮いていなくともよい。ハンドルを引き上げるタイミングが早過ぎると、前輪が着地した瞬間に段差に当たってしまう。これだと前転しやすい

③前輪が段差を越えたら、重心を後ろから前へ、移動させ、通過する

■白線に沿って走る

10ｍほど先を見ることと、左右のペダルを同じ力で回すことがポイント。徐々にスピードを上げてみよう

自転車走行のルール

自転車は道路のどこを走ったらいいのか？　日本国内の自転車台数は８５００万台ともいわれているが、この問いに答えられる人は多くはない。

　クルマを運転するためには、必ず運転免許が必要で、自動車教習所で運転のための規則を習う。しかし、自転車に乗るために、そうした規則がどうなっているのかを知る機会があまりにも少ないことは問題だ。ともあれ、自転車は道路交通法の中で軽車両という位置づけになる以上、サイクリストは、自転車に関する交通ルールを知っておかなければならない。

　冒頭の「自転車の走る場所」は、「車道の左側端」である。多くの人は、歩道を走るものと思っているが、それは間違いだ。そして「『自転車通行可』の標識のある歩道のみ、歩道を走ってよい」ということになっている。

自転車の交通違反

　また、自転車だからといって、信号無視をする人も多いが、それは法律違反である。これは自転車の社会的地位を貶めることになるので、絶対にやってはいけない。信号無視は「３カ月以下の懲役、又は5万円以下の罰金」となる。

　同じ罰則の対象としては、手放し運転（傘さし運転、携帯電話をかけながらの運転を含む）、歩行者妨害（歩行者への注意や徐行の怠り）、「一時停止」無視がある。

　また、並進（2台以上並んでの走行）、夜間の無灯火運転、二人乗りなども違反（ただし、16歳以上の運転者が幼児1人を補助椅子をつけて同乗させることは可）。飲酒運転に至っては

「50万円以下の罰金」となっている。

自転車の走る場所

①車道の左側端

　路側帯（歩道がない道路で、白線で区切られた道路の端の部分）の場合、「白線一本」「白線一本と点線」は自転車通行可。

白線一本で区切られた路側帯

「白線二本」は自転車通行不可。

②「自転車通行可」の標識のある歩道

　歩道の中央から車道寄りを徐行。歩行者優先のため、ベルを鳴らして歩行者をどかせるなどはいけない。

　この場合、どちらの歩道でもよい。また、歩道上で自転車ど

自転車通行可の歩道

うしがすれ違う場合は、互いに左側に避ける。

③自転車の制限速度

　車道では自動車の制限速度と同じ。だからといって、制限速度が50㎞の道を、50㎞で走っていると、安全運転義務違反となることも考えられる。

自転車にも制限速度はある

自転車の自己防衛

　スポーツサイクルで楽しむときには、交通事故には十分に気をつけなければならない。道路に突然、穴が開いていることもあるし、クルマ、歩行者、そして自転車との事故もありうる。

　スポーツサイクルに対する認知度が低いため、クルマのドライバーや歩行者、買い物用自転車の乗り手などと接触事故などを起こしたときに、「自転車がそんなにスピードを出すとは思わなかった」という証言は多い。実際、買い物用自転車は時速10km程度で走行しているのに対して、スポーツサイクルは時速20km程度なら簡単に出るし、ちょっと頑張れば時速30kmも難しいことではない。スポーツサイクルで走るときには、こうしたことを乗り手自身が強く意識する必要がある。

　また、ヘルメットは、頭部への衝撃を和らげることの他に、スポーツサイクルの乗り手自身が、スピードの出る乗り物に乗るということを意識することになる。さらに周囲には買い物用自転車とは違うスピードであることをアピールすることにもなる。

クルマの動きを予測する

　クルマの動きを予測することは、自己防衛のために非常に重要なこと。駐車車両の横を通り抜けるときに、そのクルマの扉が突然開き、そこに自転車が突っ込んでしまうケースは多い。突然、クルマが発進するケースもある。自転車は車のドライバーに認識されにくいということを知っておくとともに、そのドライバーがスポーツサイクルはスピーディな車両であることに気づいているかを常に気にしながら走ることが重要だ。

アイコンタクトとハンドサイン

路側帯を走っているときに、自転車の走路が駐車車両でふさがれていることは、非常に多いことだ。その際、自転車は、駐車車両の右側を通ることになる。進路を右に変える前に、あらかじめ後方を確認し、クルマが来ているようであれば見送るか、あるいはドライバーの目を見て（アイコンタクト）、クルマの前に出ることを伝え、また必要なら手で合図（ハンドサイン）をする。

買い物用自転車の存在

クルマとならんで注意しなければならないのは、買い物用自転車の存在。先述したように、買い物用自転車とスポーツサイクルは、スピードが倍近く違う。別の乗り物と考えてもよい。また、買い物用自転車はルール、マナーなどお構いなしのことも多いので、こちらがより警戒する必要がある。例を見てみよう。

路地からの飛び出し

自転車にかかわる交通事故の中で、飛び出しによるものは非常に高い割合を占めている。自転車の飛び出しは、自動車、自転車、歩行者などと、出合い頭に衝突するケースが多い。見通しの悪い路地には十分に注意することが必要だ。また、こちらが歩道を走っていると、車道を走っているときより、路地からの距離が近くなるので、飛び出してくる自転車と、出合い頭に衝突する可能性は、より高くなることも知っておきたい。

ヘッドホンの危険

ヘッドホンを付けて、自転車に乗っている人は、特に10～20歳代の人に多い。安全かどうかの情報などは、目だけでなく、耳からも入ってくる。つまり、意識せずとも背後の自動車の存在などを、音で感じとっているもの。ヘッドホンを付けている状態は、聴覚を失った状態と同じ。音楽に集中しているので、明らかに挙動が不自然となる。

前方にヘッドホンを付けて自転車に乗っている人がいたら、こちらの存在はまったく意識にはないと考えて間違いない。追い抜くときは、突然の針路変更もありうるので、十分に距離をとること。

スポーツサイクルに乗っている人でも、ヘッドホンを付けている人がいる。好きな音楽を聴きながら走るのは気持ちいいのはわかるが、買い物用自転車よりもスピードが出ているため、さらに危険だ。

反対車線の走行

自転車が走ってもよい場所は、車道の左側の端と決められているが、実際には、反対側を通行している自転車が多い。

違反していることを知っている人は、他の自転車や自動車が来たときに、罪の意識から自ら避けようとする。だが、違反であることを知らない人は、何の疑いもなく通行してくるので、ことさら注意が必要だ。

自転車どうしですれ違う場合には、相手がどちらに避けるかわからないので、ケースバイケースで判断するしか手はない。また、駐車車両の陰から飛び出してくる右側通行の自転車の可能性も十分に考えておきたいところだ。

携帯電話で通話、メール操作、読書する人

自転車に乗りながらメールの操作をするというのはありえないようだが、実際には多いケース。また、信じられない気がするが、漫画を読みながら自転車に乗るという人も、実際にいる。通話中の人は、聴覚による判断はないと考えてよく、漫画を読んでいる人は、視覚による状況判断はないと考えてよい。またどちらのケースも、安全に対する注意が著しく低下し、周囲の交通の状況など考えずに停止、進路変更することが多い。

ヘッドホン装着の人と同様、そうした自転車との距離は十分

に取っておく必要がある。歩行者でも同様のケースはさらに多いので、注意が必要だ。

並走する自転車

これは通学途中の学生などに多いケース。道交法では自転車は道路の左側を一列で、と定められているが、実際のところは守られていないことが多い。また、話に熱中するあまりか、後方から自動車が近づいても、避けないことも多い。

後方から追い抜くときには「右側を通ります」などと、大きな声で伝えることが無難だ。自転車のベルを間近で鳴らすと、自転車に乗っている人は驚いてバランスを崩すこともあるし、威圧感を与えることにもなりやすい。

ライトを点けていない自転車

無灯火の買い物用自転車はとても多い。その状態で、自転車が反対車線の路肩を逆走してくるケースも珍しくはない。自転車にとって、ライトは前方を照らすだけではない。周りの人や車に、自転車の存在を知らせるという重要な役割がある。

暗い夜道を走行するときには、路地からの飛び出しに十分に注意するとともに、常にスピードを控えめにするなどの注意が必要だ。

サイクリングロードでの危険

サイクリングロードは自転車の聖域で安全なようだが、注意をしなければならないこともある。

クルマ止めの柵は多いので、誰かの後ろを走るときや、夕暮れ時などには、ことさら注意が必要だ。場所によっては、路面が凸凹のところもある。また、自転車だけでなく、歩行者や犬の散歩の人、インラインスケートを楽しむ人もいる。そして実は、トレーニングのために高速で走行する自転車が、最も危険だというのも事実だ。街灯などはないので、夜は真っ暗になることも知っておこう。

コラム

交通事故の加害者になったら

1. **負傷者の救助**
負傷者がいれば救急車を呼ぶ。

2. **事故現場の安全確保**
二次的な事故を防ぐよう、他の交通の誘導や、事故車両の誘導を行う。

3. **相手方の確認**
事故の相手方の住所、氏名、勤務先、連絡先等の確認をすると同時に、自分の連絡先も伝える。

4. **事故の証人を確保する**
事故の目撃者がいる場合は、その人の住所、氏名、連絡先等を確認し、事故時の状況の証言をお願いする。

5. **事故状況の記録を作成**
現場の見取り図や事故の経過を記録することや、写真を撮っておくことも役に立つ。

6. **警察へ事故の連絡**
事故の大小にかかわらず、必ず警察官を呼び、調書を書いて届け出をしてもらう。

7. **保険会社に連絡**
保険に加入している場合には、事故の状況をただちに保険会社、取扱代理店等に連絡する。

8. **交通事故証明書の取り付け**
後日、最寄りの自動車安全運転センターから交通事故証明書を取り付ける(申請用紙は警察署等にある)。

交通事故の被害者になったら

1. **相手を十分に確認する**
a 加害車両(対クルマ、オートバイ)の登録番号
b 加害者の住所・氏名・連絡先
c 加害者の勤務先と雇主(個人または会社とその責任者)の住所・氏名・連絡先(加害者が仕事中の場合、加害者の雇主も賠償責任を負うことがあるため)
d 加害者側が加入している自賠責保険と任意の自動車保険の保険会社名・保険証明書番号等

2. **事故の証人を確保する**
事故の目撃者がいる場合は、その人の証言をメモし、また氏名・連絡先を聞き、後日必要ならば証人になってくれるようにたのんでおく。

3. **事故状況の記録を作成**
現場の写真を撮る、見取図を描くなどの記録を残す。

4. **警察へ事故の連絡**
小さな事故でも、必ず警察官を呼び、調書を作成し、届け出る。

5. **医師の診断を受ける**
事故にあったら必ず医師の診断を受けること。後から後遺症が出ることもある。

6. **保険会社に連絡**
保険に加入している場合には、事故の状況をただちに保険会社または取扱代理店に連絡する。

7. **交通事故証明書の取り付け**
後日、最寄りの自動車安全運転センターから交通事故証明書を取り付ける(申請用紙は警察署等にある)。

50km
4.本格サイクリングの世界へ

50kmという距離

50kmといっても、それが長いのか短いのか、多くの人にとっては想像ができない。

まずは自宅の出ている地図を広げ、定規を当てて、50kmを測ってみよう。東京駅から真西に行くと八王子を過ぎ、南へ行くと葉山・茅ヶ崎となる。これは道路の距離ではなく、地図上の直線距離だが、それでも50kmという距離は、かなり遠いと感じるだろう。

実際に走る場合には、まず最初は同じ道を往復するか、ループ状に回るのがやりやすい。自転車を専用バッグで運ぶ輪行（99ページ参照）をすれば、片道で50kmを走ることができ、ずいぶんと遠くまで行けて達成感も大きくなるだろう。

50kmという距離は、時速10kmで走ったら、5時間で到達できる。スポーツサイクルなら、平坦な舗装路で、強い向かい風ではないという条件では、時速20km程度は無理のないスピードだ。時速20kmで走れば、50kmはわずか2時間半で着いてしまう。

だが、これは巡航速度（スピードに乗った状態）の話で、信号で頻繁に止まっていると、平均時速は格段に下がっていく。その意味では、頻繁に停止する必要のない道を選ぶということは、50kmを走るうえで大きなポイントだ。

また、交通量の多い幹線道路を避けて走るのも大事なこと。多少交通量の多いところを走るのは仕方ないが、排気ガスも多く、危険で決して楽しくはない道を走り続けるのは、苦行でしかない。50kmを走ろうとすれば、少なくとも3時間は走ることになるだろう。その間、ひたすら怖い思いをしながら走り終わって、逆にストレスがたまるようでは、長続きしづらい。

走って気持ちのよい道を探し、50㎞にチャレンジしてみよう。

また、体脂肪燃焼ということからすると、より長い時間、無理のないペースで運動をする方がよい。その意味では50㎞を4時間くらいかけて、ゆっくりと楽しむというのは、非常に健康的な走り方でもある。

50㎞という距離は、自転車散歩というよりも、本格サイクリングといえる距離となる。この章で紹介するいろいろなノウハウは、より効率的に、ラクに、スピーディに走るためにも生きてくるはずだ。

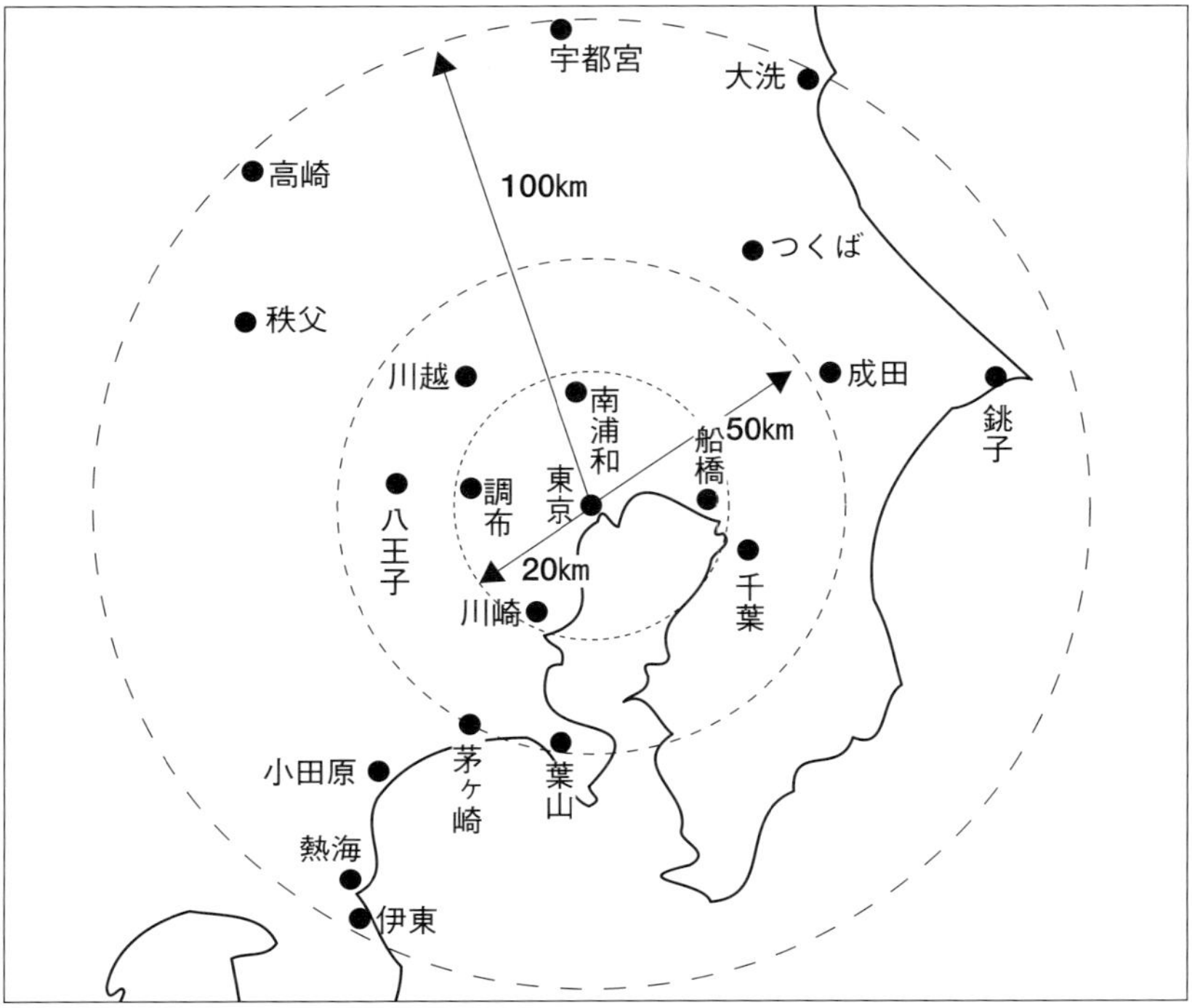

地図上での20㎞、50㎞、100㎞という距離

50kmのプランニング

サイクリングはテニスやサッカーのように、コートがあるわけでも、スポーツとしての決められたルールがあるわけでもない。楽しみ方はその人次第でいくらでも広がる。どこをどう走るかが難しさであり、おもしろさでもある。

日本一周した人や、東京から京都まで国道1号線を走ったという話はときどき耳にするが、そのような人のライフスタイルに、スポーツサイクルが根付いている例は、意外にも少ない。

走り切ったことは、大きな達成感となり、よい思い出にはなるが、大きな幹線道路は怖い、危ない、楽しくないということになるのではないだろうか。

本書は、日本一周よりも、毎週末、スポーツサイクルを楽しむことを狙いとしている。そのためには、より安全に、楽しめる道選びが、何よりも重要だ。

昔からのスポーツサイクル愛好者は「昔はどこを走ってもサイクリングになった」という。しかし、交通量の多い今では、いかに道を選ぶかが、楽しむうえで大切なポイントとなる。

「点」ではなく「線」

走るルートを考える場合、「この展望台からの景色が素晴らしい」「ここのケーキがおいしい」などをもとに考えるのが一般的な傾向だ。魅力的な「点」を結んでいくという発想である。これも悪くはないけど、「点」はあくまでも〝付加価値＝プラスアルファ〟であって、大切なことは走って気持ちいい「線」かどうかということ。

では気持ちいい「線」の条件とは何か？

その①　安全に走れること…気持ちいい条件というのは、人によってさまざま。基本は、安全に走れるかどうか。

どんな景色のいい道でも、路肩が狭くて、トラックが頻繁に行き交っていたら楽しいかどうか以前に危険だ。トンネルの中は、ほんとんどの場合、路肩は狭いし（ないも同然）、クルマのエンジン音が響いて怖い。

景色よりも前に、まずは安全に走れる道を探してみよう。

その② 信号などで頻繁に途切れないこと…スポーツサイクルは走り続けることで高揚感も高まってくる。頻繁に止まらなければならないようでは、平均速度は下がるし、うれしくない。

ホームコースを作ろう

スポーツサイクルの魅力にとりつかれてくると、いろいろなところを走ってみたくなるのは自然な欲求だ。地図を広げながら、ここにはどんな風景が広がっているのかを想像するだけで、心は躍る。電車の車窓から、あるいはクルマの運転中に、その道はどうなっているのだろうと思うようになることも自然なことだ。

新しい道に出合うことと同時に、いく通りかのホームコースを作って、定期的に走るのもおもしろい。同じルートでも、季節や天気、風向きなどによって、感じ方はまったく違う。何度も走っていると、庭木の一本一本までも記憶に残るようになり「モクレンが咲いた」など、季節感もひとしおだ。

同じ道を走ることで、体調やスキルの変化を知ることもできる。昼食や行動食を買う店や休憩のポイント、交差点の渡り方や、ペース配分など、走ることにかかわる総合的なことが把握できるようになり、余裕をもって走れるようにもなる。すれ違う他のサイクリストと仲良くなって、情報交換でき、輪が広がる例も多い。

ホームコースを作ることは、ライフスタイルの中にスポーツサイクルを取り入れるという意味でもある。楽しみの幅を広げることになるだろう。

情報収集

どこに安全で楽しい道があるのか？　そんな道を探すのは、非常に難しくもあり、楽しいことでもある。最も手堅い方法は、サイクリングのガイドブックや自転車雑誌などのコース紹介の記事である。大きな書店には、ガイドブックが並んでいるので、それを利用してみるのも手だ。単行本のガイドブックの場合には、発行年も気にしておきたい。発行されてから時間が経っているものは、情報が古くなっていることも多い。道、そして町は生きているのだ。

インターネット

もうこれは、言わずもがなだろうが、情報の宝庫だ。公の団体（自転車関係の協会など）のサイトには、コース紹介情報は、意外と少ない。逆に個人のサイトで、なかなかよくできたものがある。

そうしたサイト――例えば、多摩川沿いのサイクリングロードのサイトにたどり着くためには、「多摩川　サイクリングロード」などをキーワードに検索してみよう。

個人のサイトを参考にする場合、「ガイド」として紹介している場合と、行ってきたという「記録」を紹介している場合を読み分けなければならない。「記録」の場合、そのサイトの制作者の走行ペースと自分のペースを同じと考えてしまうと、実際に走るときにギャップが出てしまう。

また、走ってみたが、延々と工事区間が続いていたということも考えられる。インターネット上は情報の宝庫ではあるが、情報をどうとらえるかは、サイトを閲覧する人の責任と考えたい。

島を一周するときは時計回り、湖を一周するときは反時計回りにする。自転車は左側通行なので、より水辺近くを走れて気持ちよいからだ

地図で探す

かつて、サイクリングといえば国土地理院の5万分の1地形図を使うものだった。だが今は、ロードマップをお勧めしたい（2つの比較は次ページを参照）。

ロードマップは道路の種類（国道〜町道など）が色分けされ、道路の周辺にあるコンビニエンスストアやレストランなど、自転車走行に必要な情報も、詳細に記されている。これらの情報が、アップデートされていることが多いのも、ロードマップを使うメリットのひとつだ。

ロードマップで縮尺が1万分の1のものは、地図上の1㎝が実際の100ｍという細かさ。情報量が豊富で、2万5000分の1の縮尺にはないサイクリングロードや、川を埋め立てた後の緑道なども、紹介されていることが多い。それらをうまく結んで、自分だけのルートを作ってみよう。

ロードマップが国土地理院の5万分の1地形図に劣る点は、標高がわかりにくいということだ。ロードマップはクルマ用に作ってあるので、道のアップダウンには重きを置いていない。峠越えなどがルートに含まれている場合には、その部分だけでも、国土地理院の地形図を用意すると便利だろう。

■使用地図の比較

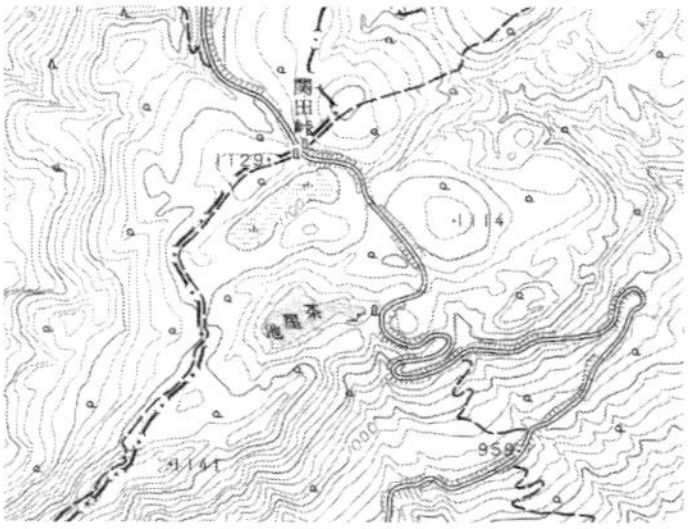

峠道などでは、標高がわかる国土地理院の地形図がよい。地図：国土地理院25000分の１地形図「野沢温泉」

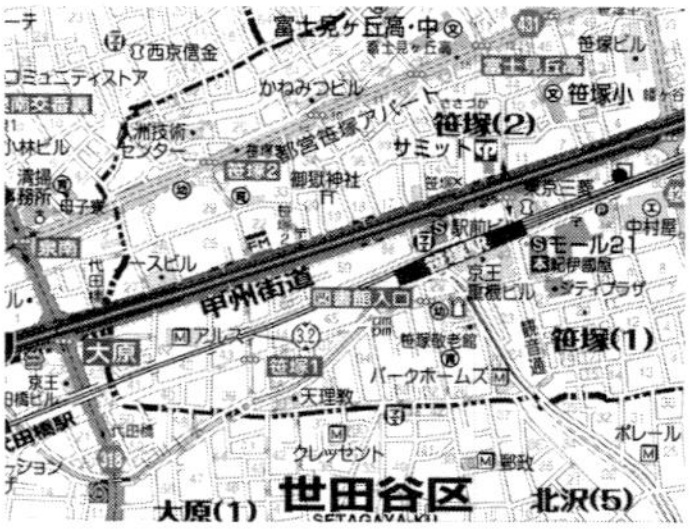

ロードマップはコンビニやレストランなどの情報が充実している。地図：（株）昭文社「スーパーマップル３関東道路地図」

■このような道は、自転車天国であることが多い

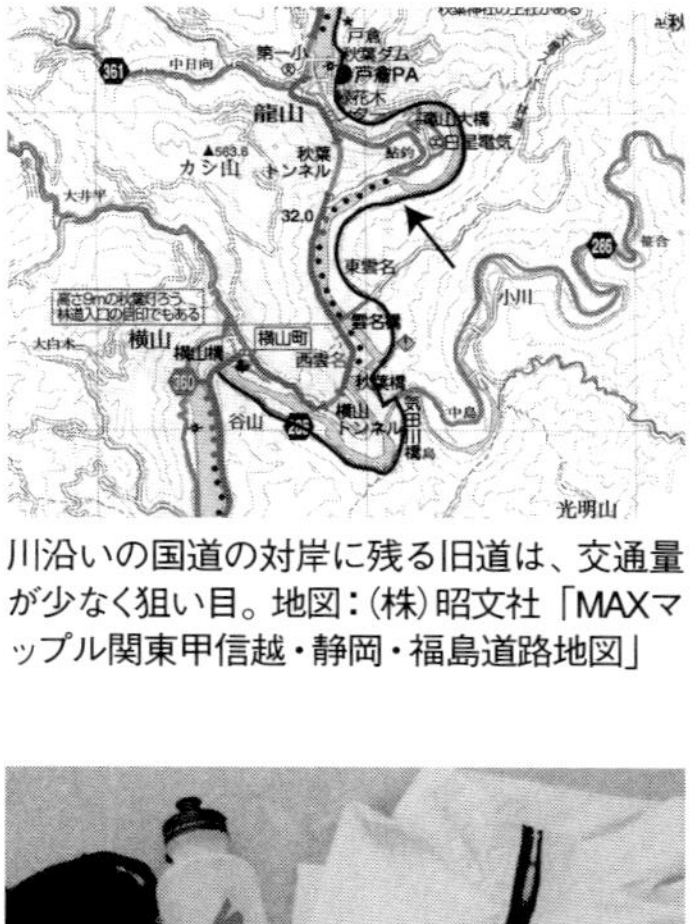

川沿いの国道の対岸に残る旧道は、交通量が少なく狙い目。地図：（株）昭文社「MAXマップル関東甲信越・静岡・福島道路地図」

トンネル開通後の古い峠道は、交通量が少なく勾配が緩やかで、走りやすいことが多い。地図：（株）昭文社「MAXマップル関東甲信越・静岡・福島道路地図」

■50kmの装備

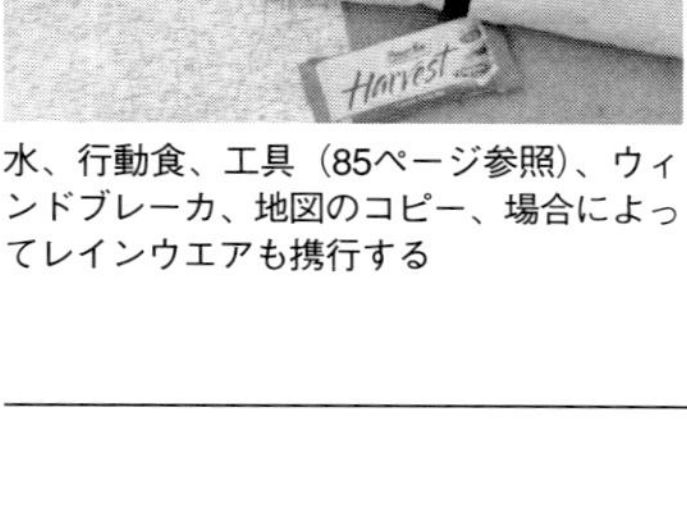

水、行動食、工具（85ページ参照）、ウィンドブレーカ、地図のコピー、場合によってレインウエアも携行する

■サイクリングロード

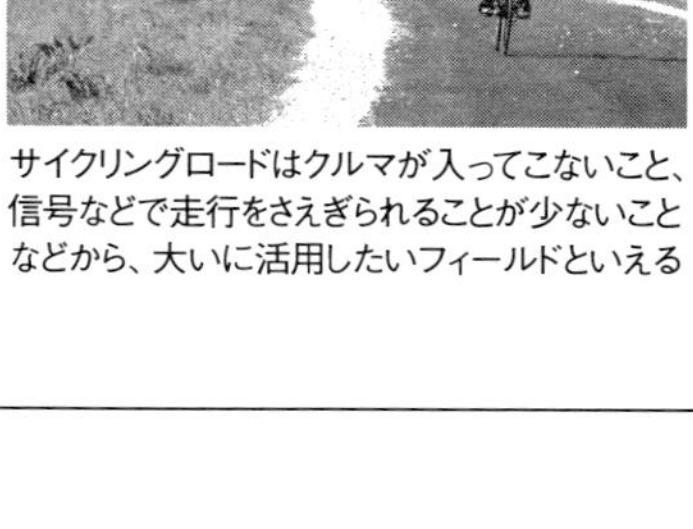

サイクリングロードはクルマが入ってこないこと、信号などで走行をさえぎられることが少ないことなどから、大いに活用したいフィールドといえる

サイクリングロード

国土交通省が設定した大規模サイクリングロードは、全国に135カ所あり、2005年までに約3500㎞が整備済みだ。都市周辺では大きな川沿いに造られていることが多い。土手の上、あるいは土手の内側の、一般車両が入れない河川管理道路を、サイクリングロードとして開放しているのだ。

どこにどのようなサイクリングロードがあるかは、インターネット上の、国土交通省道路局の「大規模自転車道の紹介」のページに、整備状況なども含めてアップされている。

大都市周辺には、サイクリングロードの愛好者が管理するホームページもあり、工事状況などが逐一アップされるなど、役に立つものも多い。興味のあるエリアや地名などと、サイクリングロードというキーワードで検索してみよう。

また、県や市町村によってもサイクリングロードは整備されている。これらはあまりPRされていないので、どこにあるかがわかりづらいのが難点だ。クルマや電車で移動するとき、川を横切る際に探してみると、見つかることも多い。

サイクリングロードは周辺の町などと交わりが少ないともいえる。だからこそ、都会にあっても自然の中を走り続けられるよさがある。反面、トイレや食料品店、食事の店などを見つけにくい。市販のロードマップには、コンビニなどの情報が書き込まれているので、コピーを携帯して走るとよい。

サイクリングロードは一本道である場合がほとんど。行った道をほどよいところで引き返すのが一般的だが、輪行という手段を使えば、より遠くまで行って、列車などで戻ることもできる。サイクリングロードはフラットなところがほとんどなので、風向きをよく読んで追い風に乗って走るという楽しみ方もできる。

適正ポジション

自転車運動はハンドル、サドル、ペダルの位置を決めて行うスポーツだ。この点が他のスポーツと大きく異なるポイントでもある。それだけにこの3点のポジションが適正ではないと、痛くなったり、少しの距離で疲れたりする原因となる。違和感は我慢せず、見直そう。

ポジション調整は、サドルとハンドルの2点で行う。順にチェックしよう。

サドルのセッティング

人間の力をいかにペダルに伝えるか。スポーツサイクルの最も重要な要因は、サドルのセッティングで決まることが多い。

サドルの高さ

膝や太ももが疲れやすい、軽快にペダリングしたい、といったときには、最初にサドルの高さを見直してみよう。ペダリングを優先させるとサドルは高め、が基本。シートチューブの延長線上にペダルをセットして、かかとをペダルシャフト上に乗せ、膝が伸びきるくらい。こうすると乗り降りは怖いが、これについては139ページ参照

買い物用自転車のサドルの高さは、かなり低めにセットされている。ペダリング効率は、非常に悪い。これを歩行に例えると、中腰で歩いているようなものだ

■サドルの高さの違いによる脚の動き（関節の動きを表す線に注目）

低いサドルでは、関節も深く曲がり、また伸びることもない。関節そのものと筋肉への負担が大きくなり、効率が悪く、疲れやすい

ペダリングを優先した高めのサドルの場合、脚は適度に伸ばされ、深く曲がりすぎないので、関節と筋肉への負担が少ないことがわかる

サドルの前後位置

左右のペダルを水平にして、前のペダルのシャフトと、膝の位置でサドルの前後位置を決める。これは回転重視のペダリング向き、踏み込み重視のペダリングは、スネが垂直になるくらいサドルを後ろにする。この範囲で乗りやすい位置を探そう。真横から写真を撮ってもらうとわかりやすい。ハンドルの位置が遠いから前に出す、という人もいるが、まず、ペダリングのしやすさでサドルの前後位置を決める

サドルの角度

サドルは水平が基本。水準器を使ってチェックしてみよう。痛みを感じるときには、若干の前下がりにセットすることで、驚くほど解消することも多い

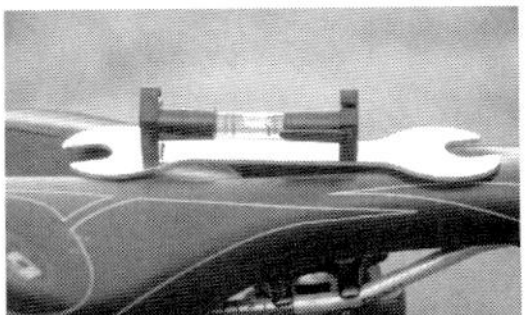

サドルの前後と角度の調整は、サドル裏面のレールを固定しているボルトを一旦緩めて調整する

ハンドル位置のセッティング

ハンドルポジションは、乗車姿勢を決定付けるもので、それはリラックスからハードに走るポジションまで変化させることができる。

手首、腕、首、背中、腰などが疲れやすい場合や、腹部に圧迫感がある人（お腹が出ている人）は、ハンドル位置を高く、近くすることで、より快適になる。

自分がどのくらい前傾して乗っているかを見る機会はあまりない。真横から写真を撮ってもらうとわかりやすい。サドルの高さとヒザの曲がり具合の関係や、上半身の角度などをチェックしてみよう。

ハンドルの高さと遠さ

水平のラインから見て、上半身と腕が45度、脇が90度になるのは、無理のないスポーツ走行の基本と考えてよい

ある程度慣れてきたら、ステムを交換して、ハンドル位置を少しだけ遠くすると、スピーディな走りがしやすい

低くて遠いポジションは、ペダリングと同時に、腕でハンドルを引きつけやすい。空気抵抗も少なくなるため、高速走行に向いている

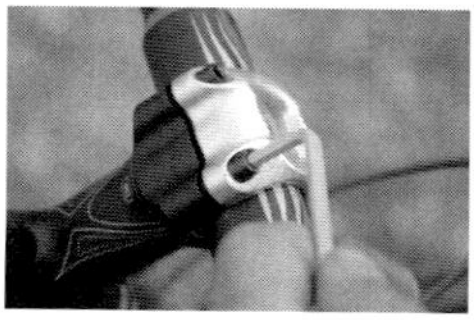

ドロップハンドルでは、ステムのボルトを緩めることで、ハンドルの前傾具合を変えることができる

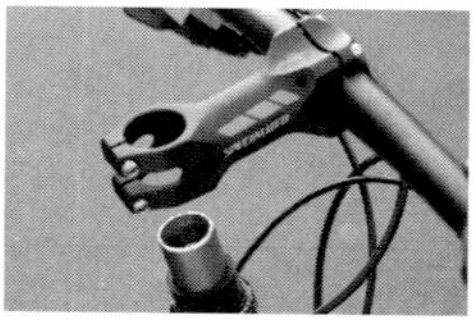

ステムを一旦外し、スペーサーの位置を変えることで、ハンドルの高さを変えることができる（127ページの「ヘッドパーツの調整」参照）

ハンドル幅（フラットハンドル）

新品のMTBのハンドル幅はかなり広め。これは大柄な欧米人用のため、手首や上腕が疲れやすいこともある。バーの両端を数ミリ～数センチカットすると驚くほど快適になる。専門店で相談してみよう。ペダリング重視（＝ハンドルの引き付け優先）では、ハンドル幅は狭い方がよい（肩幅より狭くない）。オフロードの下り重視（＝コントロール優先）では、広い方が安定する

バーエンドによるポジションの違い（フラットバー）

バーエンドを装着することで、近さ（コントロール優先）と、遠さ（ペダリング＝ハンドルの引きつけ優先）を両立させることができる。グリップを握っているとリラックスポジション、バーエンドを握っているとストイックポジションとなり、平地での高速走行や、上り坂などで有利となる。特に急な上り坂では重心を前よりにすると効率的だが、このときにバーエンドがあると、自然な重心移動ができる

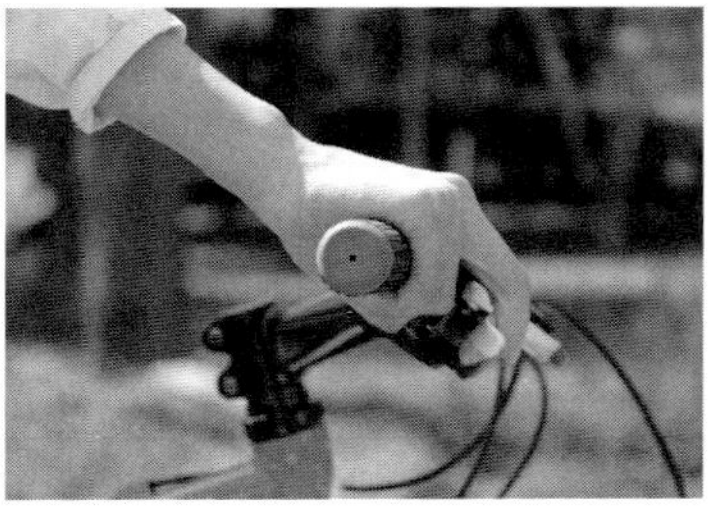

ブレーキレバーの角度調整

乗車姿勢でレバーに指をかけ、腕の延長線上に位置するようにセットすると、手首が痛くなりにくい

走行前点検

乗車前には必ず自転車のチェックをする。自転車はパーツの集合体なので、その組み付け状態は微妙に変わったり、タイヤのように磨耗するパーツもあるからだ。

走っていると、なんとなく足元から金属音がする、ということはよくある。

気になるところは、専門店で見てもらう。自転車は命を預ける乗り物なのだから。

走行前点検

ホイール	クイックレバーがしっかりと固定されているか≪128ページ参照≫ タイヤの空気圧は適正か タイヤは磨り減っていないか、サイドは劣化していないか スポークの緩み、折れはないか
ブレーキ	ワイヤーはしっかり固定されているか ブレーキレバーの遊びは適当か ブレーキシューは減っていないか ブレーキシューはリムに正しく当たっているか、片利きしていないか
ワイヤー	インナーワイヤーのほつれ、さび、アウターケーブルの傷みはないか
チェーン	オイルは十分にあるか
ギア	スムーズに変速するか チェーンが外れやすくないか
ハンドル	グリップの末端はむき出しになっていないか、空転しないか
ベアリング部分	ベアリング部分にガタつきはないか

適正空気圧はタイヤのサイドに書いてある

高め	← 適正空気圧の範囲内での傾向 →	低め
軽い	走行感	重い
悪い	グリップ	よい
悪い	ショック吸収	よい

■タイヤの空気圧

自転車の乗り心地を最も左右するのが、タイヤの空気圧だ。チューブの中の空気は、少しずつだが常に漏れている。走行前には必ず空気を入れる習慣をつけよう

空気圧はゲージ（メーター）付きのフロアポンプで入れるか、ゲージで測るのがよい

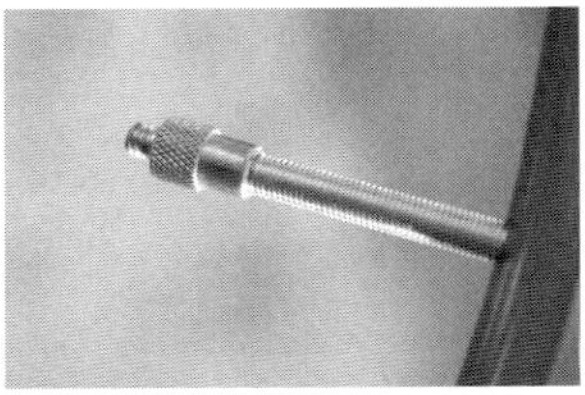

バルブアダプタがあれば、ウッズバルブのポンプ（家庭用）でも、プレスタやシュレーダーバルブに使えて便利だ

■ブレーキレバーの遊び

ブレーキレバーを握ってみて、ブレーキが利かない部分を「遊び」という。乗り手の好みにもよるが、遊びが多すぎると、十分に確実に止まれず、危険

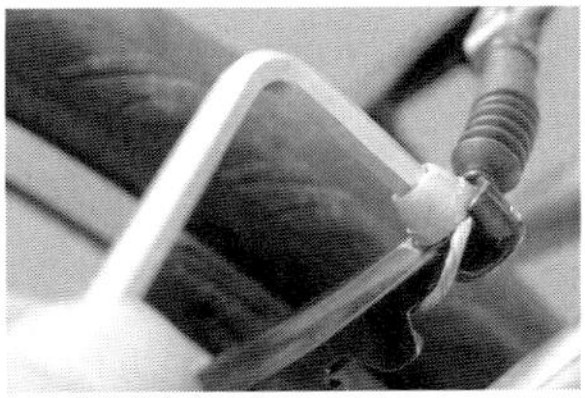

遊びの調整は、ブレーキ本体でワイヤーを固定しているボルトを5㎜のアーレンキーで緩め、ワイヤーを張り直して行う

■ワイヤーの固定

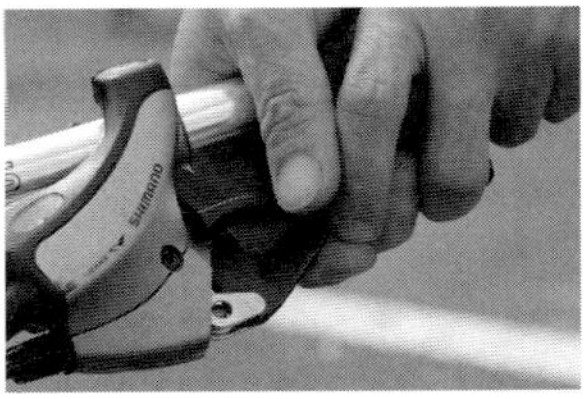

ブレーキをかけたときに、固定していたワイヤーが抜けたら、非常に危険だ。両手で片方のレバーを握り、抜けないかどうか確認しよう。ワイヤーが伸びていたら、調整しておく

■アジャスター調整

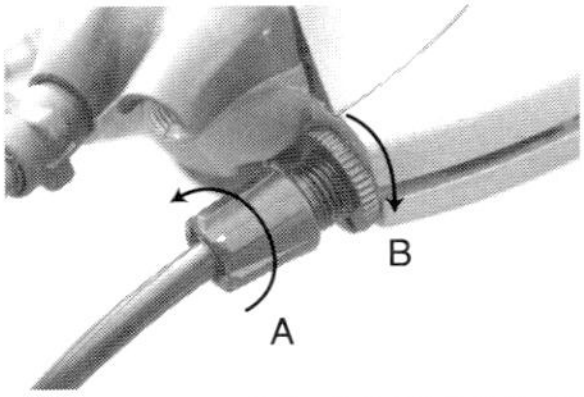

アジャスター（A）を矢印方向に回すと、ワイヤーは張られる。ロックリング（B）を矢印方向に、レバーの根元まで回すと、固定される

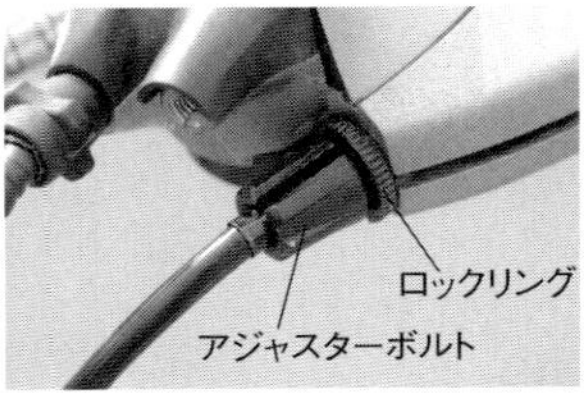

ブレーキレバーにあるアジャスターを使えば、ワイヤーの張り具合を、工具なしで微調整できる

■ブレーキシューの減り

シューの溝が1㎜以下になったら要交換。シューに金属片などが刺さっていることも多い。ナイフの先などで取り除いておく

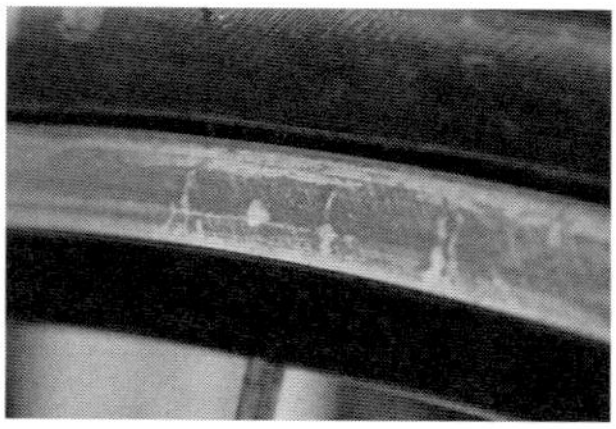

雨や泥の中を走ると、ブレーキシューは極端に減る。リムにこびりついた黒いものは、減ったブレーキシューだ

■ブレーキシューのリムへの当たり

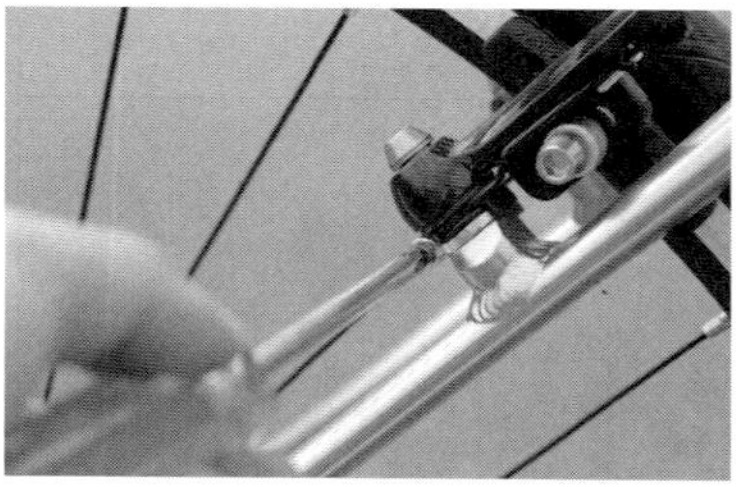

片側のブレーキが、いつもリムに擦っている状態を「片利き」という。まずはフレームにホイールが正しく入っているかどうかをチェック。それでも擦っているようなら、ブレーキ本体の横のボルトで調整する

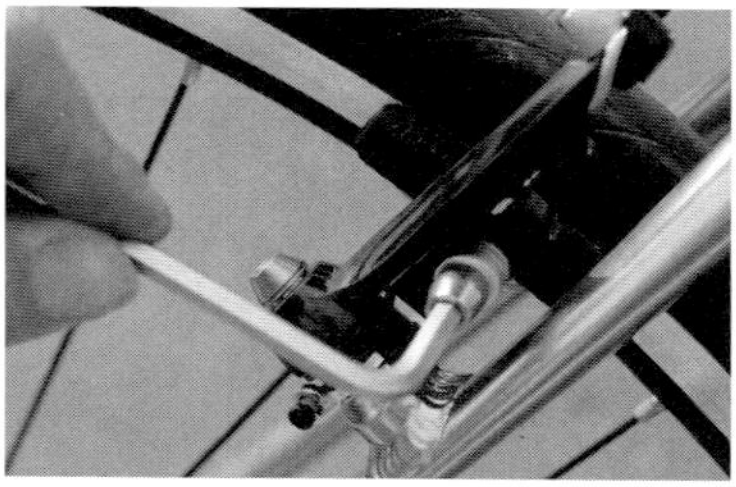

ブレーキをかけたときに、シューがリムにしっかりと当たっていないと、シューが偏磨耗したり、タイヤが削れたりする。アーレンキーでシューの固定ボルトを緩めて、調整しよう

■ワイヤーのチェック

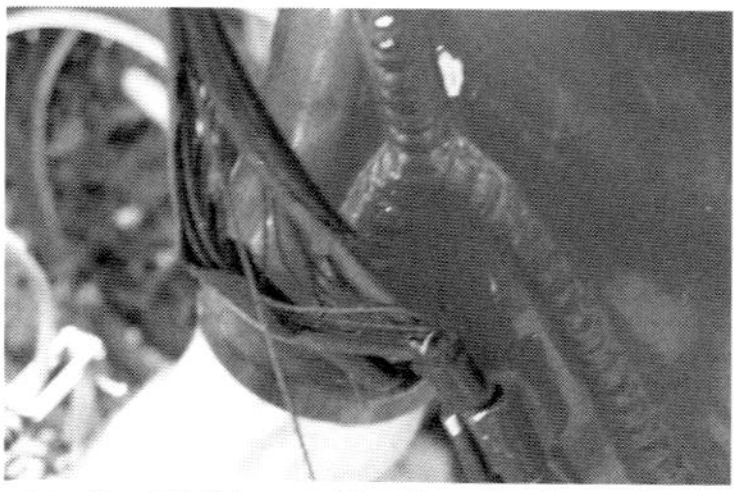

インナーワイヤーのほつれ、さび、アウターケーブルの傷みがあれば即交換する。インナーワイヤーの末端がばらけていると、足などに刺さって危険だ

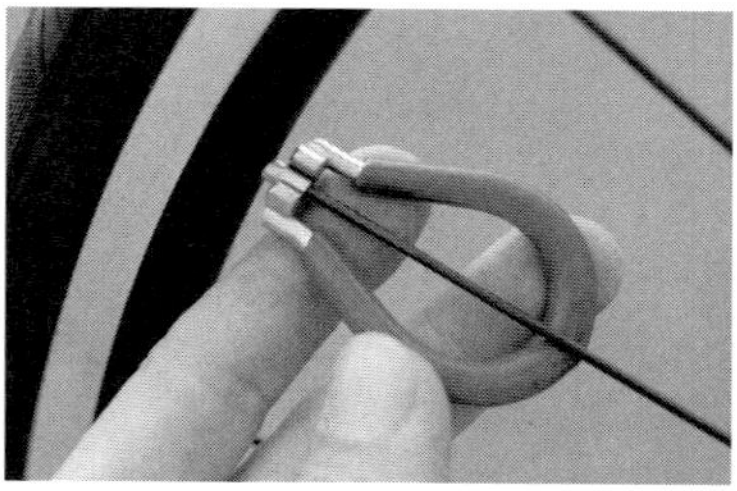

ホイールを地面から浮かせて、回転させてみる。部分的に擦るような音が聞こえたら、リムが歪んでいると考えよう。ニップルを回して調整するが、専門店に依頼する方が無難

■スムーズに変速するか

スタンドに自転車をセットして、ペダルを回しながら変速する。変速操作をしても、ギアが変わらなかったり、カチャカチャと鳴り続けているようなら、調整ボルトを回して調整する

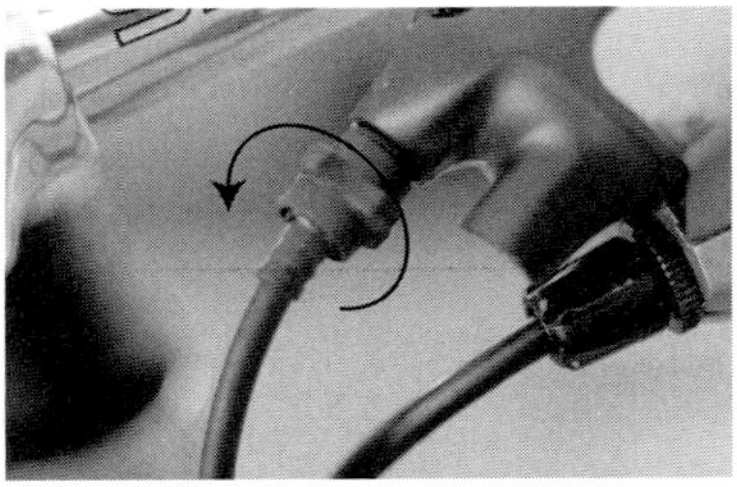

フロントディレイラーの調整ボルト。変速不良のときは、このボルトを回して調製する。矢印方向に回すと、ワイヤーは張る。リアディレイラーの調整と同様に熟練を要するメンテナンスだ

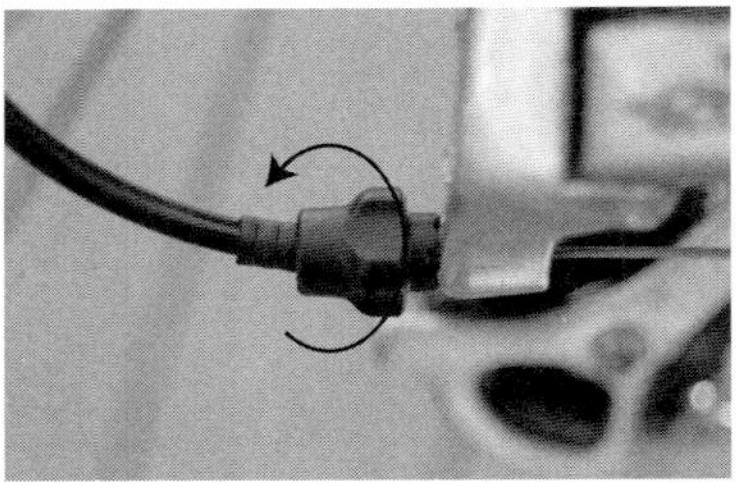

リアディレイラーの調整ボルト。矢印方向に回すと、ワイヤーは張る。自転車購入時に付いてくるパーツのマニュアルを参照しよう。デリケートな作業なので、専門店に頼む方がよい

■チェーンが外れやすい

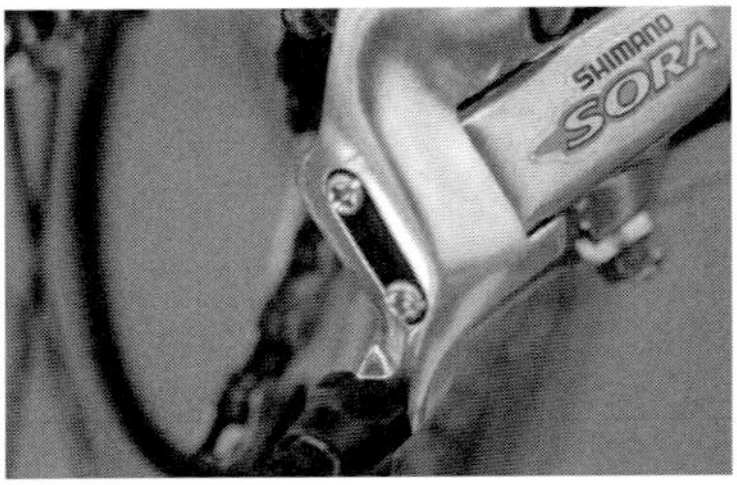

リアディレイラー

チェーンが外れやすいのは、ディレイラーのストローク調整不足によるもの。こちらもパーツのマニュアルを参照しよう。このボルトを回すことで、ディレイラーのストローク（振り幅）の調整ができる

フロントディレイラー

■10㎝落とし

10㎝ほど地面から持ち上げて、地面に落としてみる。締め付けの甘い個所があれば、鈍い音がすることもある。またボルトというボルトは、定期的に増し締めしよう

■グリップの緩み

グリップエンドが削れてむき出しの状態。ここから水が浸入しやすい。転倒時にここをぶつけると危険

■ベアリング部分のチェック

ヘッドパーツ、BB（ボトムブラケット＝クランクの軸受部）、ハブ、ペダルシャフトの4カ所は、常に回転する部分で、中に〝ベアリング〟という小さなボールが、グリスとともに数多く入っている。調整不良のまま使っていると、パーツ交換となってしまうので、定期的にチェックする。メンテナンスは難しいので専門店に持ち込もう

ヘッドパーツ＝アスファルト上でハンドルを左右どちらかに切り、前ブレーキをかけて、ハンドルを前後に押したり引いたりする

ハブ＝フロントフォーク（後輪ならフレーム）を支点にタイヤを握って動かす

ペダルシャフト＝クランクを押さえて、もう一方の手でペダル全体を握り、上下左右に動かす

BB（ボトムブラケット）＝基本的にはメンテナンスフリーだが、フレームへの取り付けが緩むこともあるので、このようにチェックす

■ヘッドパーツの調整

ヘッドパーツにガタつきがあった場合や、ハンドルの高さを変えたい場合には、ヘッドパーツを調節する。ステムを外した状態から、取り付けと調整の流れを見てみよう

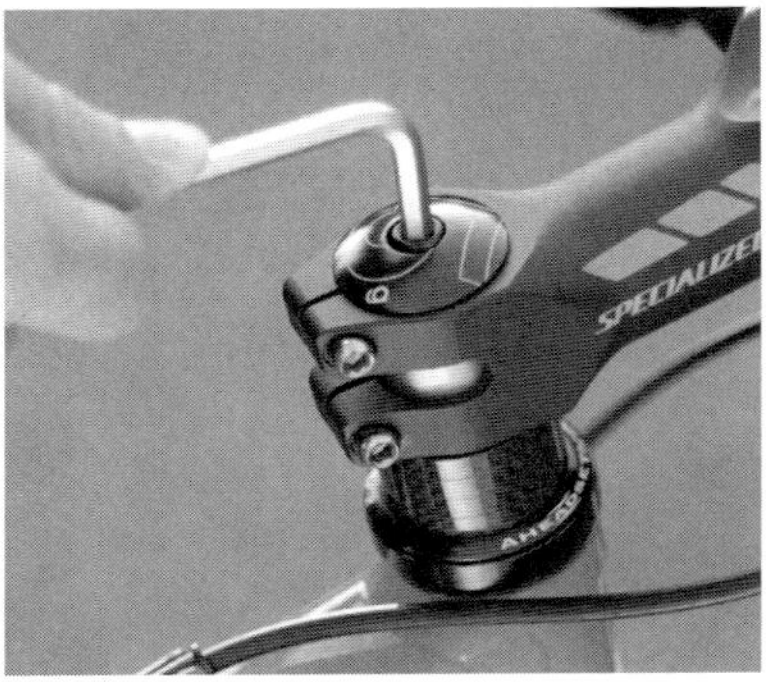

①ステムを装着し、トップキャップのボルトを５㎜アーレンキーで軽く締め、手応えがあったところから30～45度回す

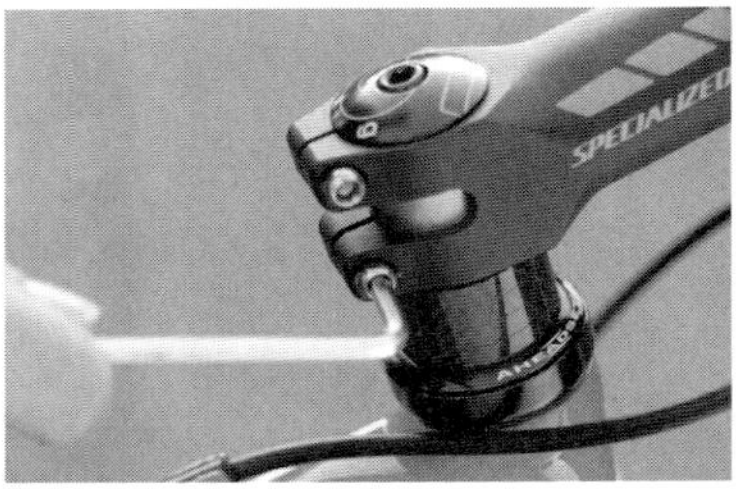

②ステムの側面の固定ボルトを仮り止めする

③前輪のブレーキをかけ、前後に動かす。ヘッドパーツからガタつきがないことを確認する。あれば①に戻って、引き上げボルトを少しだけ締める

④ガタつきがなくなったら、前輪を10㎝ほど浮かせて、自然にハンドルが切れていくかどうかチェックする。ハンドルが切れないようなら締めすぎ。①に戻って、トップキャップのボルトを緩め、ガタつきがなく、ハンドルがスムーズに切れるところを探す

⑤ガタつきがなく、ハンドルがスムーズに切れる状態になったら、前輪に対してハンドルを90度の状態にして、ステムの固定ボルトをしっかりと締める

ベーシックメンテナンス

ホイールを外す

ホイールが外せると、自転車をコンパクトに収納する、クルマに積み込む、パンク修理、などの作業にとても便利だ。複雑そうに見える後輪を外す作業も、慣れたら1分とかからないので、臆せずやってみよう。

チェーンやディレイラーという、複雑そうなパーツが絡み合っている後輪を例に見てみよう。前輪はもっと簡単だ。

①後輪をトップギヤ（外側）に入れる

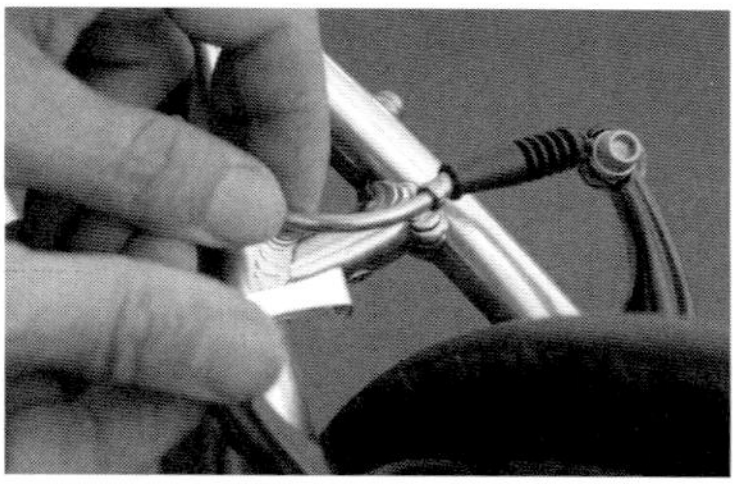

②ブレーキ本体にかかっているワイヤーを外す

③クイックレバーを引っぱるようにして、解除（OPEN）する

④フレームを持ち上げていくと後輪のハブが外れる。外れない場合はホイールを上から、軽く押す

⑤後輪が外れにくいときは、リアディレイラーの本体部分を後ろに引っ張る方法もある

⑥さらに５㎝ほどフレームを持ち上げると、このような状態になる

■後輪をはめる

①シフトレバーのディスプレイが、最も大きい数字、あるいはＨ（ハイ）側にあることを確認する

②スプロケットの矢印部分に、チェーンを当てる

③チェーンのこの位置の下側から、スプロケットの矢印部分を当てる

④外側のギアにチェーンを当てた状態

⑤ディレイラーのプーリーゲージを下に押すと、フレームが下がってくる

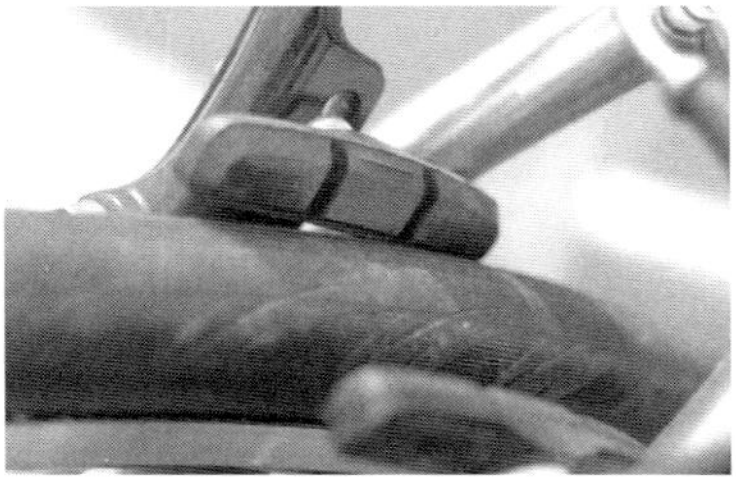

⑥タイヤがブレーキシューにぶつかっていると、うまく入らない

⑦後輪のハブはリアエンドにかなり近づいた。ホイールを後ろ上方向に引っぱると、ハブはフレームのエンド部分に収まる

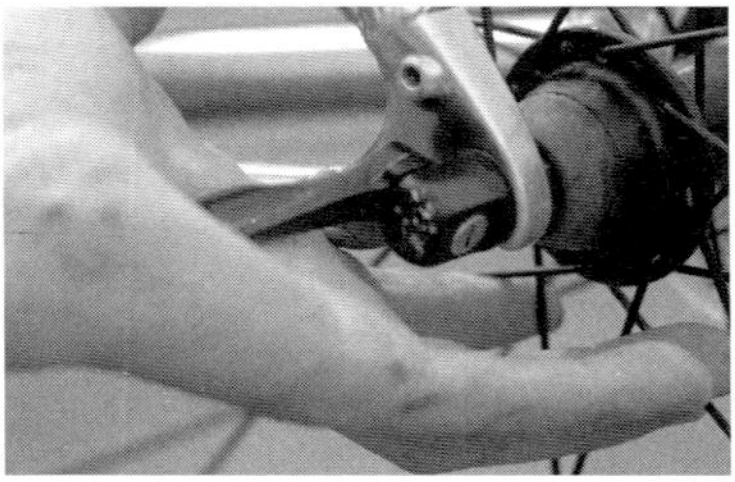

⑧クイックレバーを締め、ブレーキワイヤーをかければ出来上がり

■前輪脱着の注意点

前輪が固定されるフロントフォークの先端には、このようなツメがついている。

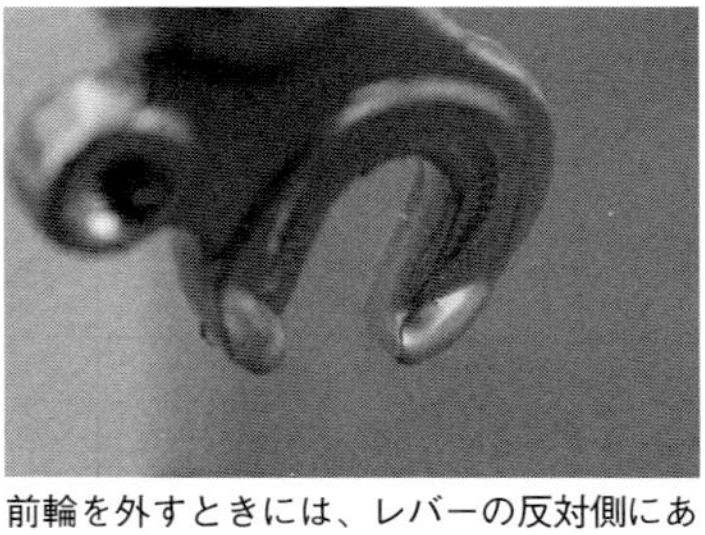

前輪を外すときには、レバーの反対側にあるナットを、３回転ほど反時計回りに緩める

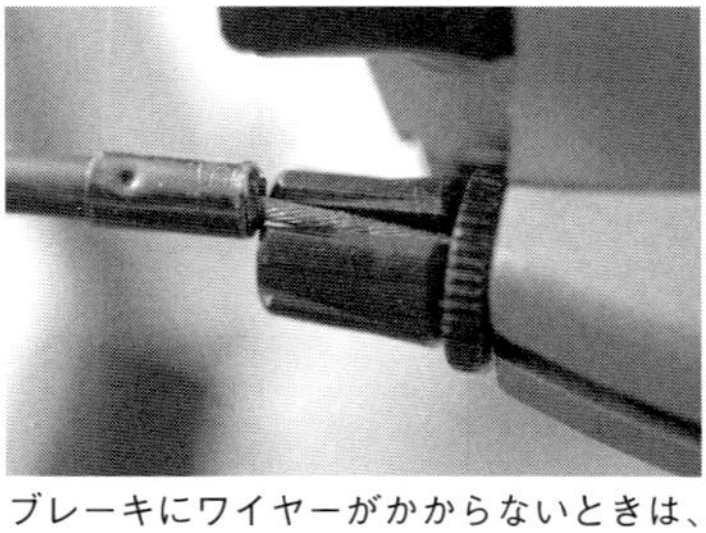

ブレーキにワイヤーがかからないときは、レバー側がこのようにひっかかっていないかチェックしてみよう

■クイックレバーの使い方

スポーツサイクルはクイックレバーで、簡単にホイール脱着ができるのが特徴。買い物用自転車のように、グルグル回して使っている人もいるが、正しい使い方を知っておこう

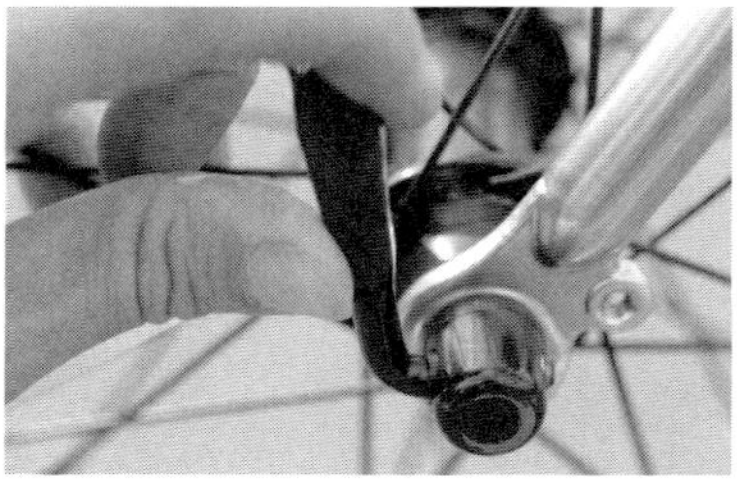

クイックレバーは回して操作するのではない

ナットを回して、レバーが中間くらいのところで止まるくらいの固さにして、レバーを手のひらで押し込んで固定する

クイックレバーの固さ調整は、レバーの反対側のナットを回す

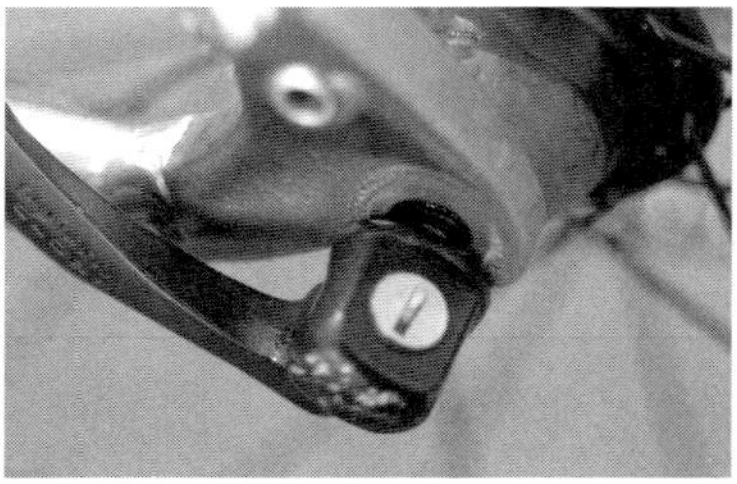

前後ともエンドの奥まで、シャフト部分が入っているかチェックする

■ペダルの脱着

ペダルを外すと、クルマへの積み込みや、室内での保管に便利だ。ペダルのネジは、走っている途中で緩まないために、左側だけが逆方向に切られているので注意しよう。

ペダルの脱着は左側だけが逆ネジで、緩めるときは時計回り、締めるときは反時計回り。「左右ともはめるときは前回し、外すときは後ろ回し」と覚えておくと簡単。ペダルの脱着のためにはペダルレンチが必要

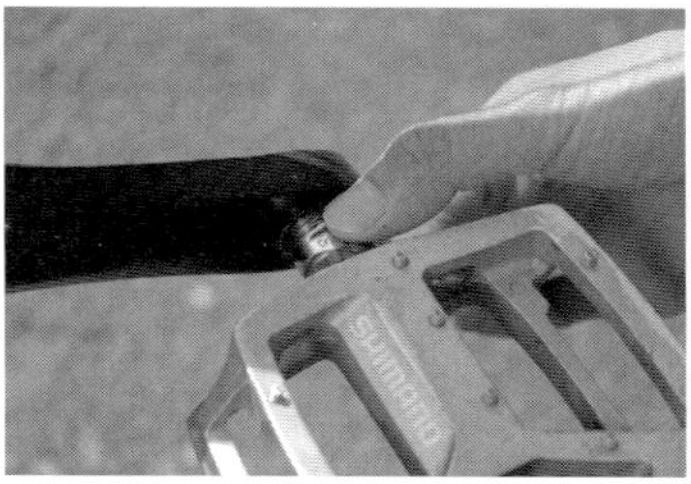

ペダルを挿入するときは、まっすぐに。斜めに入れると、ネジ山を壊してしまい、クランク交換となる。ネジ山にグリスを塗っておくと、スムーズに入る。固着しづらくなるので、外すときも容易になる

■パンク修理

最初にするのが、タイヤを外す作業。路面に合わせてタイヤを交換したいときにも共通の作業だ。走行中にパンクしたときには、用意しておいたスペアチューブに交換する方がよい。

《タイヤを外す》

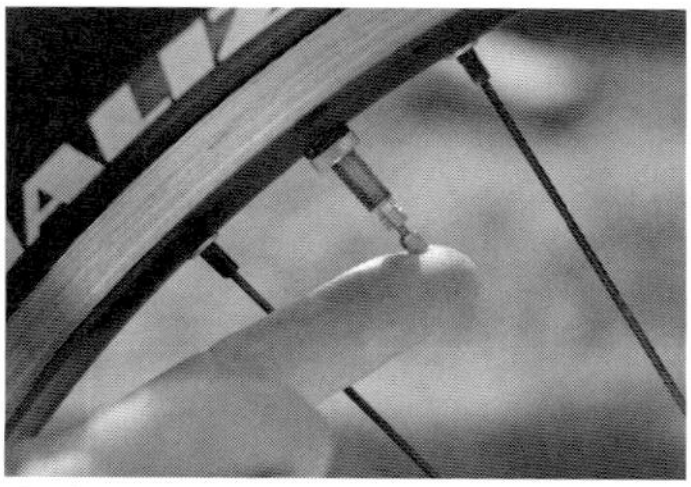

①プレスタバルブの場合は、バルブの先端を緩めて押し込み、タイヤの空気を抜き、バルブの根元についている、ナットを外す

②タイヤレバーをリムとタイヤの間に入れ、レバーの反対側をスポークに引っかける。中のチューブを傷めないよう慎重に行う

③2本目のタイヤレバーを10㎝ほど横に引っ掛け、タイヤレバーをリムに沿ってずらし、タイヤのビード（ワイヤーの入っている部分）を外す

④タイヤの片側がリムから外れたら、タイヤの内側から、チューブを引き出す

《タイヤをはめる》

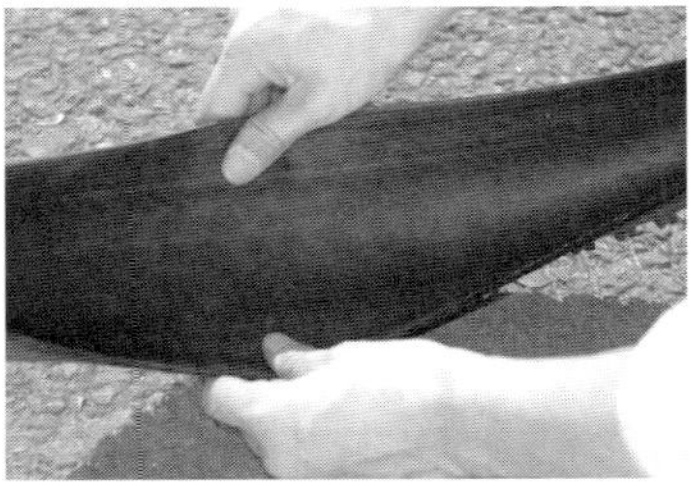

①パンク後にタイヤをはめる場合は、パンクの原因であるトゲなどが、タイヤに残っていないかどうかをチェック

②片側のビードをリムにはめる。タイヤの進行方向がタイヤサイドに表示してあるので、注意しよう

《チューブのリペア》

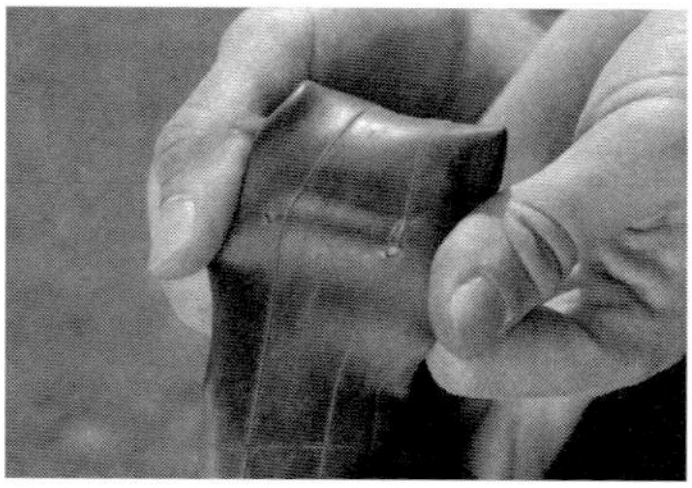

①チューブに空気を入れ、空気が漏れる音などでパンクの穴を探す。ボトルの水をかけて、泡を探す方法もある。水を張ったバケツに入れてもよい

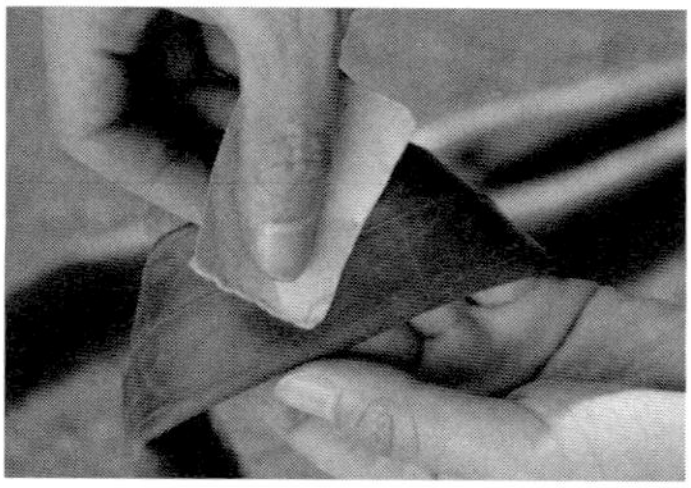

②穴の回りの汚れや水分を取って、パッチよりひと回り大きい範囲を、軽くヤスリがけをして、ゴム糊をうすく塗る

③チューブに軽く空気を入れて、バルブをリムの穴に入れ、チューブをタイヤの中に入れる

④タイヤのビード部分を、リムに入れる。手で入らない場合は、タイヤレバーを使う。チューブを傷つけないよう、注意を払う

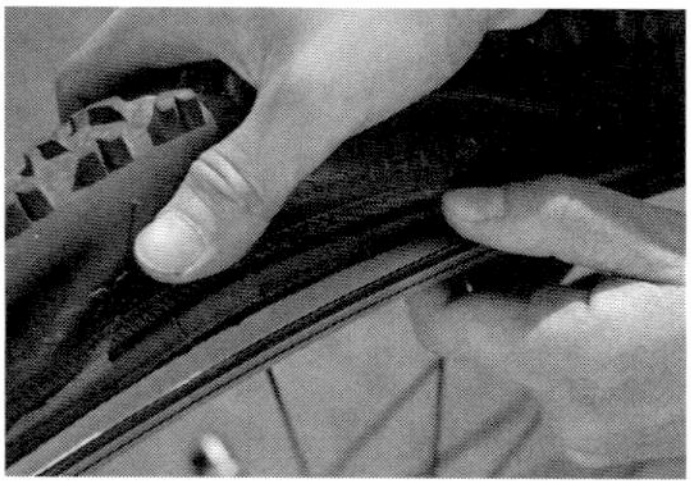

⑤タイヤとリムとの間に、チューブがはさまっていないかチェック。チューブをはさんだまま空気を入れると、そこからチューブが膨らんでくる。あればタイヤをしごいて戻す

⑥空気を適正圧入れ、ナットをバルブの奥まで入れる。手で回す程度でよい

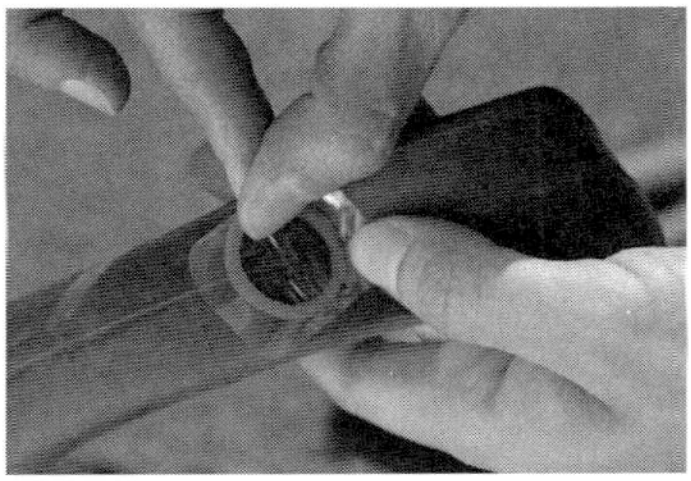

③ゴム糊が半乾きになったら、パッチの銀紙をはがし、透明なセロハンごとチューブに貼り付ける

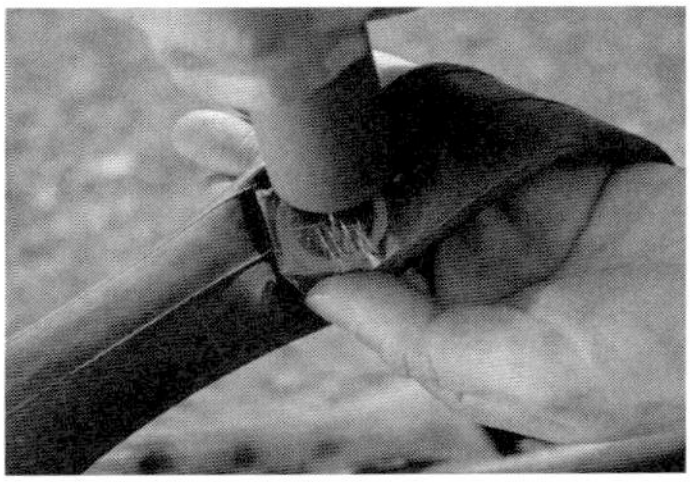

④パッチのチューブの接着面に入った空気を押し出すように、ポンプの柄などを押し付け、圧着させる

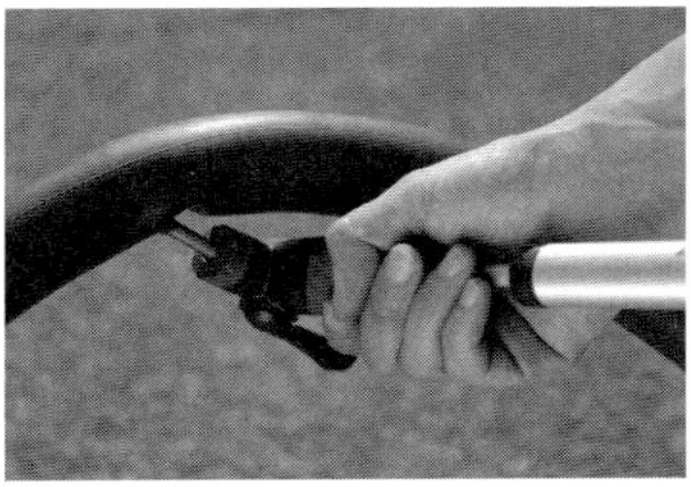

⑤セロハンをはがし、しばらくしたら空気を入れて、漏れがないか、他に穴がないかどうかを確認する

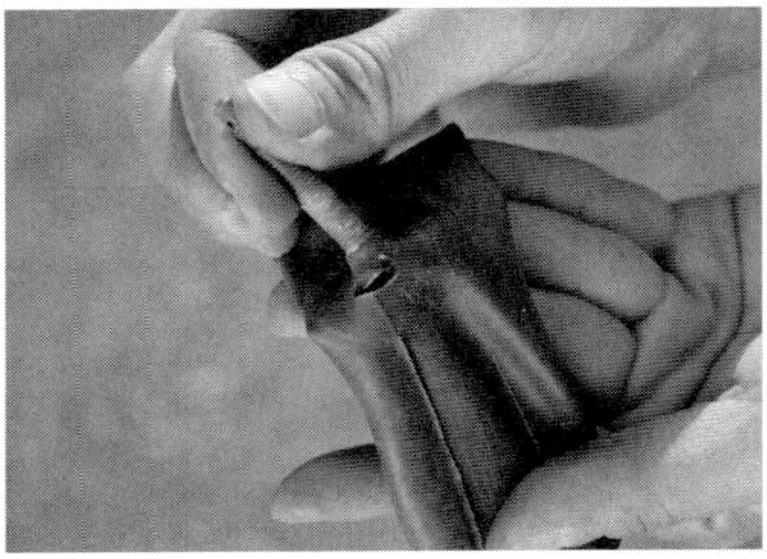

《スペアチューブを携帯しよう》

走行時にはスペアチューブに交換するのが基本。バーストやバルブの根元が破損してしまった場合は修復不可能となるし、小さな穴でも、雨の時はゴム糊がうまく着かないこともあるからだ。チューブを選ぶときは、そのサイズと、バルブのタイプを間違えないようにする。また、ゴム糊は揮発する。使おうと思ったら、揮発してなくなっていたということもあるので注意が必要。

■パンクの原因

パンクは運もあるが、原因がある以上、ある程度未然に防ぐこともできる。原因と予防策を知っておこう。

貫通パンク

路面上のトゲや金属やガラス片などがタイヤを通過し、チューブに穴を開けるのが貫通パンク。

路上にガラスの破片が散らばっていたら必ず避けること。雨の日は、路上の異物が路肩に流されるので、パンクする率は高くなる。

また、頻繁にタイヤをチェックすることも大切。異物はタイヤに刺さってから、走行を繰り返すことで、タイヤの中に潜り込む。深く入る前に、ナイフなどの尖ったもので取り除いてしまえば、パンクは未然に防げるのだ。

リム打ちパンク

リム打ちパンクとは、段差や岩などに乗り上げ、その角とリムとの間にチューブが挟まれて穴が開くもの。穴は蛇の噛み跡のように、2カ所できるので、英語ではスネークバイトと呼ばれている。

リム打ちパンクは空気圧が低いことが第一の原因。タイヤサイドに記してある気圧表示の範囲内にしていれば、リム打ちパンクはかなり防ぐことができる。

チューブの噛み込み

タイヤを装着した際に、リムとタイヤの間にチューブが挟まったまま空気を入れると、そこが膨らみ、破裂する。タイヤを装着したときに、チューブに軽く空気を入れ、噛み込んでいないかどうかチェックするのが予防策。

問題はわずかな噛み込みの場合。空気を入れたときに異変はなくても、走っていて突然大きな音とともに破裂することがある。タイヤ装着のときに、多少の空気をチューブに入れておくと、チューブに張りが出て、噛み込みにくい。

バースト

バーストとはタイヤの中に入っているチューブが破裂すること。タイヤが古くなってゴムがひび割れを起こしたり、ブレーキシューがタイヤに当たり、タイヤサイドを削ることもある。オフロードの場合には、鋭い岩などによって、タイヤが切れることもある。

バーストしたらタイヤ交換が必要だが、走行中に起こったら、タイヤの裏側からガムテープや紙、強度のある布などを当てる。テレホンカードを当ててしのいだ例もある。リムから当て物がはみ出すくらいだと、より安心だ。バーストした場合、チューブの穴は大きいので、修理不可能なことが多い。

バルブ破損

バルブが曲がって取り付けられていたり、リム穴とバルブのタイプが合っていない場合、バルブの根元が破損することがある。こうなるとチューブは修理できない。

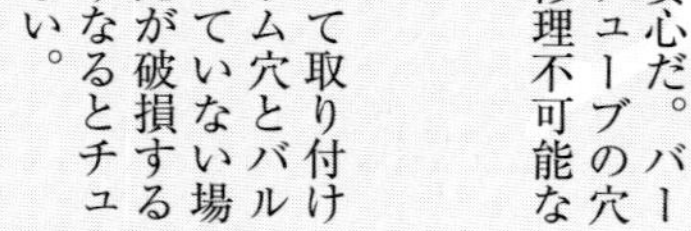

タイヤはマメにチェックする。意外と多くのものが刺さっている

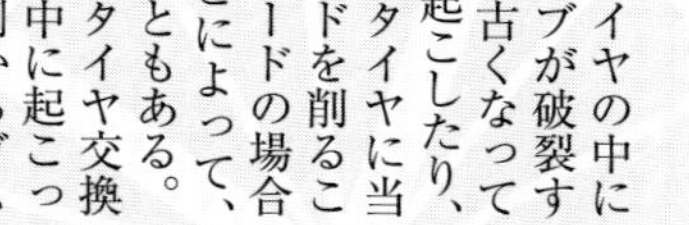

路上のガラスなどに敏感になろう

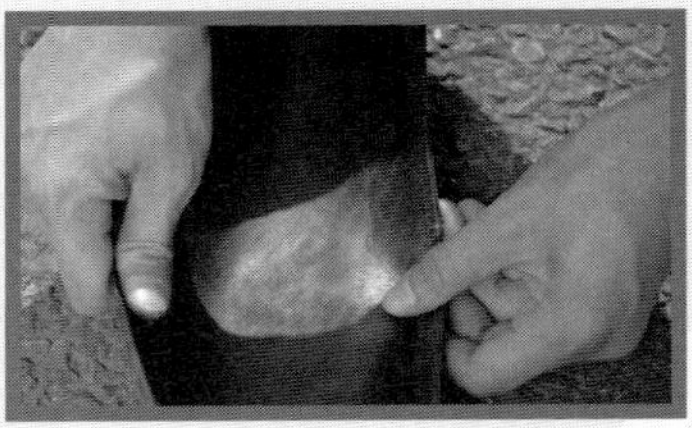

貫通パンクの原因となった異物は、チューブをタイヤに入れる前に取り除いておく

異物が深く入る前に、ナイフなどの尖ったもので取り除けば、パンクは未然に防げる

チューブが噛み込んだまま空気を入れると、このように膨らみ、破裂する

リム打ちパンクは、このようにして起こる

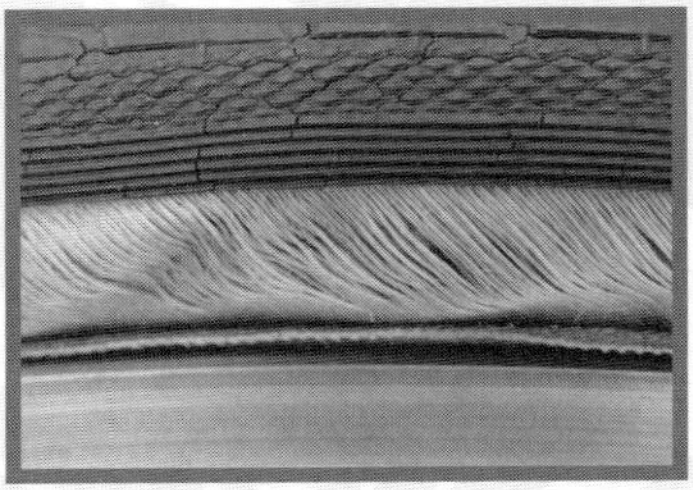

劣化してひび割れたタイヤサイド

タイヤレバーを使うときは、チューブを傷めないよう注意する

走行中にバーストしたら、内側からガムテープを当てて、応急処置する

基本ライディング

本書の対象は、自転車に乗れる人としている。そのため基本テクニックといっても、必要はないと考える人が多い。

だが、買い物用自転車とは走行スピードも違うし、乗車時間も長い。コツをちょっと知っているだけで、より安全に、そして快適に走行することができる。

スタートとストップ

スポーツサイクルのサドルの高さは、118ページで紹介しているとおり、買い物用自転車よりもはるかに高い。これはペダリング効率を最優先にした結果である。また、高めの方が体重をハンドルにもかけることができる。1カ所に体重が集中することが少なくなるので、長時間走行でもストレスを感じにくい。一方、自転車への乗り降りは難しくなる。高いサドルでスタートとストップをスムーズに行うことが、スポーツサイクルの第一歩となる。

ポイントは、いきなりサドルに座るのではなく、まずトップチューブにまたがること。これが路面のオン、オフを問わず、スポーツサイクルの基本だ。

交差点などで止まっているときにも、座ったままでは、サドルが高いため、足が突っ張ってしまう。トップチューブをまたぐようにすれば、無理がない。

スタンドがない

スポーツサイクルにはスタンドがない。突起物は少ない方が安全であることと、より軽くするという理由からだ。通行などの支障のないところに立てかけるか、左側を下にして地面に倒す。右側には変速機などのパーツがあり、それらを傷めないためだ。倒すときにはグリップエンドなどを傷めないように気をつける

■スタート

①トップチューブにまたがるようにして立ち、ペダルを３時の位置にセットする。踏み出すペダルは、日本の交通事情を考えると、右足が望ましい

②次にペダルを踏み込みながら体を持ち上げ、左足をペダルに乗せる

③最後にサドルに腰を据える。これならサドルの高さは気にならない

■ストップ

ストップのときはスタートの逆。サドルに腰を据えたまま、いきなり足を着こうとすると、かなり無理な姿勢となる

ブレーキング

簡単な実験をしてみよう。ハンドルに手をかけて自転車を押して歩き、後ろブレーキを鋭くかけてみる。後輪の回転は止まるが、自転車は止まらずにそのまま引きずることになる。同じことを前ブレーキでやってみると、自転車の動きは一瞬で止まり、後輪は浮き上がってしまう。これが前後のブレーキの差である。このことから、次のことがいえる。

①後ブレーキは前ブレーキに比べて利かない。

同じスピードで走って、止まるためにかかる距離（制動距離）を比べてみると、後ろは前の約3倍となる。前は後ろよりも3倍強力といえる。

写真「ブレーキング時にかかる力」を見ていただきたい。ブレーキをかけた状態は、前のめりになっているので、後輪への加重が少なく、したがってブレーキが利きづらい。

②前輪の急ブレーキは、前転につながる。

前ブレーキは後ろに比べてはるかに強力だ。それだけに、急ブレーキは避けたい。ブレーキを使用するときには、左の写真のように、カラダを後ろに引くということが、前転対策、そして後ろブレーキの利きをアップさせる意味で有効だ。

自転車を押しながら歩き、前ブレーキをキュッとかけてみる。瞬時に止まり、後輪は浮き上がる。後ろブレーキの場合は、後輪の動きは止まるが、自転車はひきずったままで、止まらない

■ブレーキング時にかかる力

ブレーキはどこにかかるか？　厳密にいうと、タイヤと路面の接地面にかかる。それ以外のパーツやフレーム、ライダーを含めたすべては慣性の法則にしたがって、前方へと投げ出され、前輪は地面に向かって押し付けられ、後輪は持ち上がるように力が働く

■ブレーキングフォーム

後ろブレーキをより有効に使うためには、お尻をサドルから上げ、後方に引く

■ブレーキレバーの握り方

ドロップハンドル
ブラケットを上から握る場合、フラットハンドルのユーザーは、最初は慣れが必要。ブレーキレバーはこのように操作する

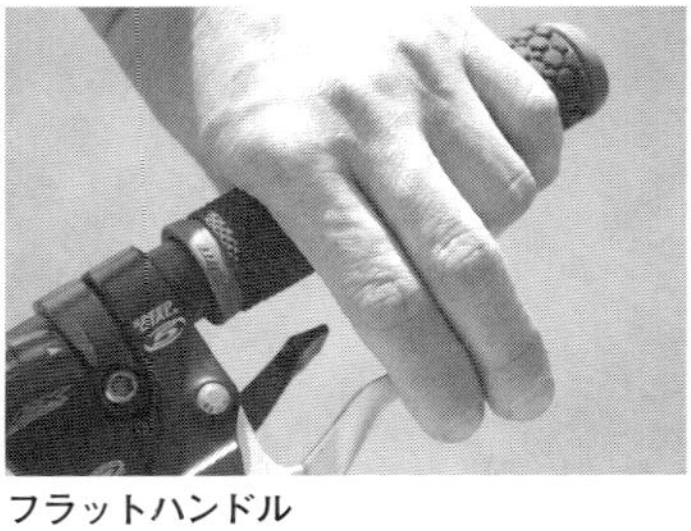

フラットハンドル
ブレーキレバーを操作する指は、人差し指と中指の２本が基本。指を４本ブレーキレバーにかけるのは、グリップを十分ホールドできないので危険

シフティング（変速）

　スポーツサイクルのギアは、最大で前が3枚、後ろは10枚。最高で30段変速にもなる。これほどたくさんのギアは、一体何のためにあるのか？　答えは、脚にかかる負荷を一定にするためである。速く走るために、ギアを重くして、頑張って踏むというイメージがあるが、それは間違い。

　人間の脚から出るパワーは一定である。それ対して、勾配や風向きなど、走行する状況は刻々と変わる。ギアの役割とは、変化し続ける状況を、決まっている人間の出力に合わせること。極論すればどんな条件であろうが、ペダリングの負荷（重さ）と回転数は同じに保つようにするのがシフティングということである。それが結果的に「速く、楽に」走れることになる。

軽いギアをクルクル回す

　重めのギアをグイグイ踏み込んでいると、ペダリングしているという実感が大きく、いかにも進んでいる気がする。しかし、スピードメーターで測ってみると、軽めのギアでクルクルと回す方が速い。重いギアは筋肉や関節への負担が大きく、筋肉痛にもなりやすいし、関節痛の原因になる場合もある。

　走行中のギア選びは、1分間に何回転ペダルを回すかで判断する。上級者とビギナーとの違いは、回転数を上げられるかどうかといってよい（163ページ参照）。

　プロレベルになると、1分間に100回転以上となるが、それをまねると、それだけで息が切れ、筋肉への負担も大きい。また、サドル上でお尻が安定しない。ビギナーは次の項目の「ペダリング」を参考にしながら1分間に60回転を目標にしよう。

■ギアの選び方

前は大まかに決めておき、後ろで微調整をする。前のギアが3枚ある場合、フラットなところであればセンター（真ん中）、上り勾配であればインナー（内側）、下り勾配などではアウター（外側）を使う。そして後ろのギアでベストフィットを探す

■スタートに使うギア

内装式変速機を除いては、自転車のギアは、止まっているときには変えらない。止まる直前に軽いギアへと変えておくと、スタート時がスムーズだ。関節や筋肉への負担が少なくなり、疲れにくい。マニュアルシフトの自動車の運転を、思い浮かべてみてほしい。発進のときはローギア、スピードが上がっていくに連れて、トップギアへと変えていくのと同じだ

■使ってはいけないギアの組み合わせ

アウター×ロー

アウター×ローギアの組み合わせも、構造上チェーンにねじれが生じる。強い力で踏み込んだ時に、チェーンが切れることもある

インナー×トップ

インナー×トップギアの組み合わせは、チェーンがたるみやすいので、外れたり、噛み込んだりとトラブルのもととなる。チェーンにねじれも生じる

ペダリング

「ペダルはとにかく頑張って踏むもの」と思っているスポーツサイクルの愛好者は多い。ペダリングのテクニックといっても、ピンとこないかもしれない。

　ここで少し考えてみたい。ペダルを踏み下ろしパワーを入力している足の反対側は、意識的に引き上げようとしない限り、踏み込んでいる足の、お荷物ではないだろうか？　そうならないためには、踏んだらペダルから足を外すか（現実的ではない）、それとも引き上げることも行うか（疲労をためやすい）のどちらかだ。

　そう考えていくと、ペダリング時のマイナス要素を取り払うだけでも、より効率的に走ることができるはずだ。長時間、長距離走行するとその差ははっきりとしてくるだろう。

母指球でペダルシャフトを踏む

　ペダルは足の裏全体で踏む、というイメージがある。だが詳しくいうと、母指球（親指の付け根の関節）のラインで、ペダルシャフトを踏むことが基本。スニーカーなどを使用する人は、これを意識してペダリングしよう。ビンディングペダルを使用する場合は、クリート（靴底の金属の爪）のセッティングができていれば（79ページ参照）、シューズをペダルにセットすることで、適正ポジションでペダリングできる。

■ペダル上の足の位置

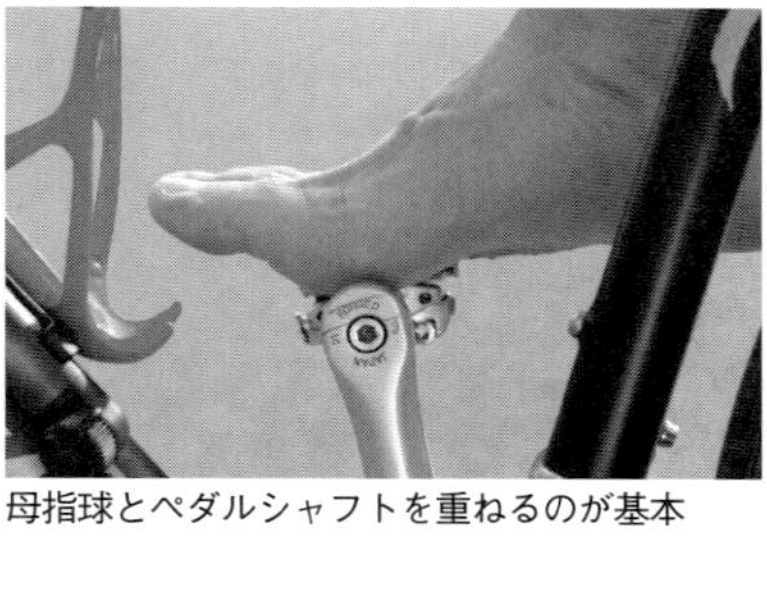

母指球とペダルシャフトを重ねるのが基本

■円を描くペダリング

大腿部周辺の上下運動を意識する

ペダリングとはＢＢ（ボトムブラケット＝クランクの軸受部）を中心に、ペダルを円状に回すこと。だが、人間の脚はもともと、円運動するようにはできていない。ここで注意したいのは、先に回転運動ありきではないこと。まずは大腿部から膝にかけての上下運動があり、それが結果として円運動になっているということだ。まずは大腿部が気持ちよく上下することを意識してペダリングしてみよう

前下がりの楕円のイメージ

上級者のペダリングは、非常にスムーズな円運動であるといわれる。大腿部周辺の上下運動を意識したら、次に足首周辺の円運動を意識する。脚全体は上下運動をしているのに対して、ペダルは円運動だ。イメージとしては前下がりの楕円を描くくらいがちょうどよい

自転車の楽しみを長続きさせるために

スポーツサイクルが健康にもよいことは、これまでに何度か触れてきたが、これは長続きすればこそである。

日本一周を成し遂げることを目標にして、それを達成したらおしまい、ということではなく、できれば毎週末、定期的に走るよう、ライフスタイルに組み込むことが理想だといってよいだろう。そのためにはいくつかのポイントがある。

無理をしない

１００㎞走る、などのチャレンジはモチベーションとしてはよい。しかし、チャレンジが続くと、それ自体の魅力があせ、モチベーションは低下する。完走することを目的とするのではなく、その過程での気持ちよさを大切にしたい。楽しい道を選ぶ、四季折々の変化を楽しむ、おいしいもの、走行後の温泉などコースに付加価値をつけるのである。

その意味では、なるべく毎週末に走ることを、第一の目標として、そのために時間的、体力的に無理のない距離を設定する方がよい。走行距離は長いにこ

悪天候のときには、無理をして走らないなども、長続きのコツ

出会いの場を求めて、ガイド付きツアーに参加する人も多い

したことはないが、１００kmでなければ得るものはないということではない。

１週間に一度、１００km走っているというと、多くの人は一目置いてくれるかもしれないが、スポーツサイクルは、ルールがあってスコアが出る、というものではない。評価はあくまでも自分の満足度と考えることが大切だ。

同好の志と出会う

一人で走っていると、飽きることもあるし、モチベーションが下がることもある。こんなときに、仲間の存在は大きい。仲間といっても、いつも一緒に走るような仲間でなくともよい。たまには一緒に走るか、あるいは情報交換する存在がいるだけでも、励みになるというものだ。

では、どのような場所で、同好の志と出会うことができるのか？　多くの愛好者はスポーツサイクルの専門店に出入りする。どこか馴染みの店を見つけるというのが一般的だ。その他にも、イベントやガイド付きツアーなどに出るという手もある。

知人を引き込む

会社の同僚や、その他の知り合いをスポーツサイクルの世界に引き込むという方法もある。その場合のキーワードは「自転車がどれほど健康的か」である。そのためには自らが健康的でなければならないが……。

自転車で走ったら、自分へのごほうびとして、消費カロリー分は心置きなく摂れるともいえる。走った後のビールのために走るということでもよいのだ。

妻、彼女など、女性を誘うときのキーワードは「足が細くなる」である。多くの女性はスポーツサイクルに対して、「足が太くなる」というイメージを持っている。

だが欧米ではバイクレッグ（自転車乗りの脚）というと、スラリとした細い脚を指す。スポーツサイクルというと日本では競輪（＝短距離）を思い浮かべるが、欧米ではロードレース（＝長距離の有酸素運動）のイメージが強い。実際、ロードレースの選手は、非常に細身だ。この差は、陸上競技の、１００ｍとマラソン選手の体型の違いと同じだ。

女性と走るときの注意点

男性はメカとしての自転車のおもしろさから、スポーツサイクルの世界に興味をもつ人も多い。だが女性でそういう人は稀なので、メカに関することは、男性のフォローが重要だ。

トイレやコンビニ、公園などを、前もってチェックしておく。トイレの有無を心配して水を飲まないのは絶対によくない。先にトイレがいつ頃、どこにあるかを伝えておくなどの配慮をしよう。トイレに行きたくなってからは、聞きにくいことなのだ。

また、一般的には男女の走行スピード、ペース配分には違いがある。男性はどちらかというと、勢いよく走って、長時間休むウサギ型。対して女性はカメ型で、ゆっくりのスピードながらじわじわと距離を稼ぐことが多い。グループで走るときには、女性は後ろから着いていくことになりやすい。このときにも、着いていかなければと、ひたすらペダルを踏むだけでなく、周りの景色も楽しめるように話しかけたり、余裕のあるスピードで走るなどの配慮が必要だ。

男女では、走行ペースに違いがあることを知っておこう

1年のサイクルを考える

川の土手などに造られたサイクリングロードは、風が吹きさらしになっていることが多く、冬は辛い。何もその中を、我慢して乗る必要はない。

そんなときはＭＴＢで里山の中を走ってみるのはどうだろうか（雪国では無理だが）。森の中に入ると、風は途端になくなる。すべては木々がさえぎってくれるのだ。落ち葉をサクサクと踏みしめながら、森の小径を走るのは、ＭＴＢならではの醍醐味だ。

筆者は1年のそれぞれの季節の中で、その時に応じた楽しみ方のサイクルが出来上がっている。

初夏から秋はオンロードでサイクリングロードを中心に走行し、夏には遠出するツーリングに出かける。

秋から冬を経て初夏くらいまでは、ＭＴＢのシーズンとなる。ＭＴＢで主に走行する里山のシングルトラックは、夏はヤブに覆われ、クモの巣、虫なども多くて不快だ。また、雨のために路面が緩くなりやすく、道を傷めやすいので、走らない方がよい場合が多い。

ＭＴＢで走る里山は、私有地を含んでいることが多い。同じように通行する人に、脅威を感じさせないような走り方、服装

葉が落ちた森は、明るくて、見通しもよい。ＭＴＢのパラダイスだ

などが必要だ。また、出会った人とは気持ちよく挨拶を交わすようにする。道を荒らさないよう、ブレーキングは十分に注意

レースというと身構えてしまう人も多いが、スポーツサイクルの愛好者の集まるイベントと考えればよい

することが必要だ。

また、1年に1度程度はレースにも出る。たまにはレースに出るのもよいものだ。これは勝った負けたではなく、あくまでも体力測定と日ごろのモチベーションの維持が目的。申し込んでしまうと「無様なところは見せられない……」と思い、レースではないときにもほどよい発憤材料となる。

出場する種目は、走行時間がなるべく長いものがよい。3時間前後の耐久レースは、やりがいがある。

耐久レースとは周回コースを時間内に何周回れるか競うもの。ＭＴＢ、ロードともにさまざまな大会がある。

ソロではなくチームでエントリーすれば、楽しさも倍増する。

5.目指せ100km！

遠くを目指す魅力

自転車でどこまで遠くに行けるだろうか？

少年（少女も？）時代、誰しも一度はそう考えたことがあるのではないだろうか？ 20km？ 50km？ 100km？ 1日100km走れたら、単純計算で、10日で1000km。何年もかけて数万kmに及ぶ世界一周旅行をしている人もいる。

ともあれ、自転車で、つまり自分の力で遠くまで行くということは、スポーツとしての楽しみ以外にも、旅の要素や、チャレンジ精神、ロマンなどをかき立てられるものであることには間違いない。

では20kmなり100kmなりという距離は、どのくらいの長さなのか？ スポーツサイクルに親しんでいる人は、それを自分の体で知っている。体で知るということは、どのくらいの労力を使うのか、所要時間はどのくらいかかるのかを知っている、ということだ。

一例として111ページの図を見てほしい。東京駅を中心に放射状に円を描いてみた。約20kmで調布、川崎、南浦和、船橋、50kmで八王子を過ぎて相模湖辺り、茅ヶ崎、成田、つくば、100kmともなると宇都宮、銚子、伊東までが範疇となる。改めて見ると、結構いろいろなところに行けそうだ。

走行スピードは人によって異なるが、スポーツサイクルに乗る、道はフラット、無風、息が上がらないペースを前提にすると、大体時速20km程度。単純計算すると東京駅から横浜までの約30kmは、1時間半で行けるということになる。しかしここで考えておきたいのは、道は直線ではないこと、平坦ばかりではないこと、信号などで止まること、向かい風もあること、などだ。

　こうしたマイナスの要因が重なると、平均速度は半分くらいに落ちる。逆に、東京周辺の大型河川（多摩川、荒川、江戸川など）には、長距離のサイクリングロードが整備されている。こうした道を使えば、平坦で信号も少なく、ペースはアップするものだ。

　また、行ったきりでなく帰りもある（帰りは電車を使う方法もある。97ページ参照）。

　いずれにしても、スポーツサイクルならば、自分の力でいろいろなところに行ける、ということを知るだけで、夢はふくらむのではないだろうか。

１００㎞を目指そう

アメリカのサイクリング界では、センチュリーライドというイベントが盛んだ。センチュリーとは１００という数を表し、１００マイル（約１６０㎞）走るものだ。１日にこれだけ走れたら一人前のサイクリストである、というひとつの目標になっている。日本に置き換えるなら１００㎞を大きな区切りとしてもよいと思う。

　１００㎞は50㎞とは違う大きな壁がある。その壁とは、距離の長さと、行動時間の長さだ。一度きりでいいので１００㎞を達成するためであれば、「とにかく頑張る」ですませてもよいかもしれない。走り終わった後に、立ち上がれないほど疲労することも、きっとよい思い出になることだろう。

　だがそれを毎週末でも走れるようになるためには、無理のないペース配分、ペダリング、食物補給や休憩などが欠かせない。グループで先頭交代をしながら走ると、そのペースは驚くほど上がるし、消耗も少ない。また天候、風向、日照時間などを考えたプランニングも大切だ。

　いずれにしても１００㎞という距離は、スポーツサイクルにとって、大きな節目と考えてよい。このように書くと、１００㎞はとてつもなく大きな壁に感じられるかもしれないが、一つひとつのノウハウを身につけることで十分に可能なことである。20km、50kmに比べて、はるかに体脂肪の燃焼量も多くなる。継続的に行えれば、体型も目に見えて変わってくるだろう。

　繰り返しいうが、健康を意識したスポーツサイクルは、一時の達成感で満足してはいけない。継続することに意味があるのだ。

週末の冒険

　宿泊して2日間続けて走ると、もはやそれは手軽なスポーツ以上、旅、あるいは冒険といってもよい。だが、土日を使えば十分にできることだ。

　1日の走行距離は、１００kmに満たなくともよい。たとえば50km先の街を目指し、日曜は別ルートで戻るということでもよい。輪行という手段を使えば、土曜に宿泊した街から、さらに遠くを目指すことができる。行けるところまで行ってから、列車で戻れると考えれば、プランにしばられることなく、体調や天候などによって気楽に変更することも可能だ。ビジネスホテルにでも泊まって、夜は居酒屋に繰り出せば、聞きなれた名前の街も、それまでとは違った印象になることは間違いない。

　ビジネスホテルは寝具や洗面用具などを完備しているので、荷物は最小限ですむ。それだけ走りをスポイルされないということだ。

　さらにこの輪行という手段を生かすなら、最初から列車で出発し、自然豊かなところから走り出すということも可能だ。この場合も、キャンプツーリングなどといって荷物を増やさずに、宿泊まりで軽い旅装で出かけることを、まずはお勧めする。「自転車で来た」と、旅先の居酒屋でいえば、たちまち話に花が咲くだろう。

　これができれば北海道を3泊4日でツーリング、ということも十分可能だ。

宿泊まりであれば、軽快さを失うことなく、この程度の荷物で走ることができる

自転車	輪行バッグ、ワイヤーロック 小型ライト、テールライト マップ、マップケース クリップ（地図固定） ミニポンプ、ボトル サドルバッグ、フロントバッグ バイクシューズ
プロテクタ	グラス、グローブ ヘルメット
工具	携帯工具セット チェーン１リンク、コネクティングピン 予備チューブ、パンク修理キット ガムテープ、オイル、ボロ布
ウエア	半袖アンダー　1 バイクジャージ　1 バイクパンツ　短　1 アームウォーマ レッグウォーマ ソックス　1 レインウエア　上下 Tシャツ　1 ロング／ショート兼用パンツ　1
その他	財布、保険証、携帯電話、充電器 デジカメ、ノート ペン、地図、資料 サイクルショップリスト てぬぐい、ビニール袋 補給食、サプリメント ファーストエイドキット 小型ナイフ、ティッシュペーパー

週末１泊ツーリングの装備例
春から秋にかけての寒くない時期のツーリングの装備例。なるべくなら装備は背負わない方が、体は楽だ。小型のフロントバッグや、サドルバッグ、場合によってはウエストバッグなどを利用する。自転車が重くなることを嫌う場合は、デイパックなどで背負うことになる

ペダリングのスキル

ペダリングとはヒューマンパワーを推進力に変える作業である。このペダリングに、スキル（技術）があることは、ほとんど意識されていないといってよい。

スキルとは何か？

　恥ずかしながら筆者のこんな例を紹介しよう。舗装路をひたすら上るヒルクライムというレースがある。そのときの距離は約10km、標高差は約１０００ｍである。これに出場した筆者と、優勝した竹谷賢二《たけやけんじ》選手との比較の表を見ていただきたい。

　同じコースでありながら、竹谷選手の所要時間は半分、平均心拍数は80％ほどに抑えられている。筆者の方が、運動時間は長く、心拍数も多いことから運動量は多かったともいえるが、消費エネルギーを推進力に変換するという意味では、効率的とはいえない。

　この理由は何か？　本書はヒルクライムで速くなることがテーマではない。だが、ここにはヒルクライムだけでなく、平地を含めて、ラクに、余裕を持って走るためのポイントが隠されている。速さの裏に隠されたポイントを、単に「強い」ということだけで片付けずに考えてみたい。

　筆者と竹谷選手とは「①ペダリングスキルと②心肺機能が大きく違い、中でもペダリングスキルの差が、最も大きい」と竹谷選手は言う。

　この２つの他にも、竹谷選手は運動をするために必要な筋肉を発達させ、それ以外の体重はなるべく絞っている。余分な体重は、上りの際にオモリでしかないからだ。だが、一般ライダーはそれを強く意識する必要はないし、それは自転車に乗ることを続けていれば、結果的にそうなるという。

最も重要なことはペダリングであり、また同時に、無理のない運動負荷（心拍数）を意識した、ギア選びをすることが大事なのだ。

効率的にペダリングすることが、100kmでは重要となる

ヒルクライムでの竹谷と丹羽の比較

	竹谷賢二	丹羽隆志（著者）
所要時間	約35分	約60分
平均心拍数	約140拍/分	約170拍/分
ゴール直後	軽く息が弾むが、話ができる	倒れ込み、気持ち悪くなった
翌日	変わりなし	筋肉痛

竹谷《たけや》賢二《けんじ》選手（ＭＴＢクロスカントリーのプロライダー、チーム・スペシャライズド所属、アテネオリンピック出場）
20歳代中頃から競技としてのＭＴＢを始め、会社員としてフルタイムで仕事をしながら、2000年に全日本選手権に優勝。35歳の2004年に、アテネオリンピック出場を果たしている。スポーツ選手としては20歳前後のトレーニング時期がブランクだったわけだが、それでもトップライダーになりえたのは、ペダリングを徹底研究したことが大きいという。

回転重視型ペダリング

　回転重視型のペダリングとは、次の項目で紹介するトルク重視型の「踏み込み」中心ではなく、「回す」を意識すること。ただし、この両者は、相対するものではなく、状況によって割合を変えるものである。回転型はパワーを推進力に変えやすく、しかも疲れをためにくいという点でスポーツサイクルの基本と考えてよい。１００kmを走ると、より効率的なペダリングか否かの差は歴然としてくる。

　回転型とは対極である重いギアをグイグイと踏み込んでいく走法は、体に負荷をかけている実感と、満足感が得られる。だがそこで、１枚ギアを軽くしてクルクルと脚が回るようにすると、加速も容易だし、脚への負担が少ないにもかかわらず、スピードがアップする。スピードを計測してみると、その違いに驚くに違いない。

　また、重いギアを踏み続けることは、筋肉中に乳酸という老廃物が蓄積され、足が重く感じる。長時間あるいは長距離を走る上での、マイナス要素が少ないのが、回転型のペダリングだ。

　筋肉や関節の使い方を意識しながら、重力や慣性を味方につけて、同じ運動強度でも、より速く、より疲れにくいペダリングをしてみよう。

走行時のペダリングのイメージ

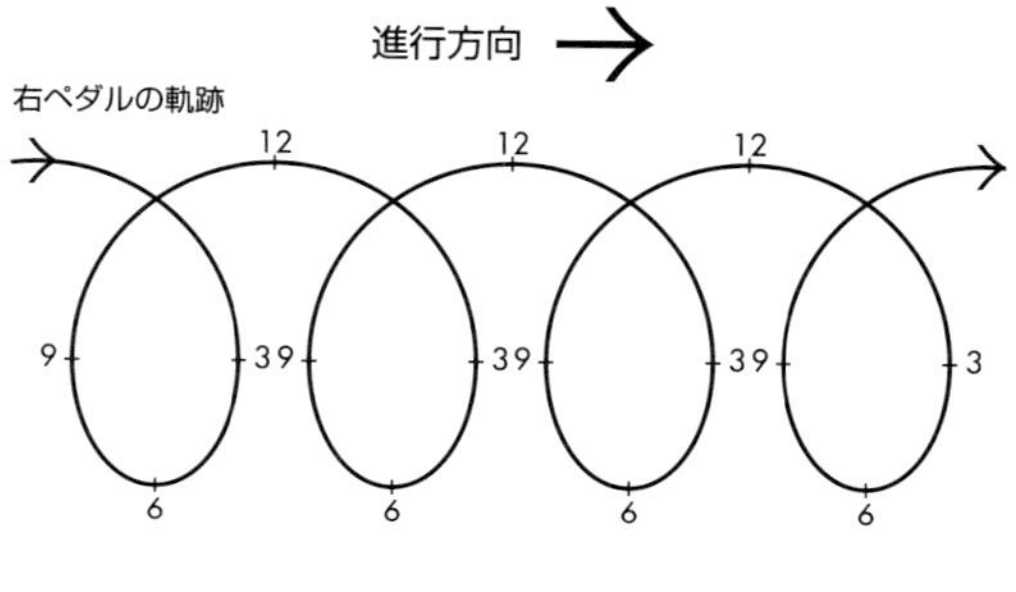

ペダリングは12時から６時までの「踏む側」と、６時から12時までの「抜く側」で考えられることが多い。だが、走行時には慣性が働いていることと、意識をしてからそれが現象として反映される時間差を考えると、９時から３時までの「前向き側」と、３時から９時までの「後ろ向き側」と考えてもよい。ペダリングについてじっくりと見直すのであれば、左ページのように、ローラー台を使って、慣性が働いていない状況で行う方が、考えやすい

図解・回転重視型ペダリング

①12時　太腿を前・下に向ける

②3時　ここから9時にかけて、膝下を後方へと、円の軌跡でつなぐ

③6時　膝から足の底にかけて、上・前方向に抜重

④9時　3時にかけて太腿を前方に向ける

①ペダルが12時の位置を上死点、6時の位置を下死点という。片足の動きでいうと上死点は、上方向の動きから、下方向に切り替わるポイント。両足についていうと、左右の脚の役割が切り替わるポイントである。意識の中心は、骨盤をポイントに、太腿から膝頭を押し下げることにおく。

②実際に強いパワーが出るのは、3時くらい。大腿の振り下げには力は入れなくてよいが、12時から3時へで発生した力を、膝から下、ペダルへと力を伝達するよう、円の軌跡をイメージする。なおこのときには、意識を左足へ移行させていく。

③右足の6時、つまり下死点は、左足の上死点である。人間の意識は複数におくことは難しいので、ここからの意識は左足に移す。「引き足」といって、ペダルを引っ張り上げるイメージをもつ人がいるが、踏む力に対して引き上げる力は、あまりにも小さく、疲れをためやすい。6時の位置からは、左足のパワーに対する「オモリ」とならないよう、抜重する。仮に水の上を歩こうとすると、沈む前に足を上げなければならない。こうしたイメージを意識することなく、神経系に記憶させることが重要。その意味では、ペダリングはどれだけ踏めるかではなく、どれだけ力を抜けるか、と考えてもよい。

④ペダルが上死点に近づいたら、抜重のイメージを瞬間的に切り替えて、慣性を生かしながら力強く、素速く、刺すように下げる動作に移る。9時では「抜き足」、3時で「差し足」である。

トルク重視型ペダリング

回転重視型ペダリングを基本としながら、それを発展させたのがトルク重視型ペダリングである。この両者は、中級、上級などという位置付けではなく、ケース・バイ・ケースで使い分けることによって、それぞれの長所が生きてくる。

回転重視型は巡航速向きで、トルク重視型は加速時や上り坂、向かい風など、より積極的に筋肉に働きかけ、大きな力をペダルに伝えるときに使う。

2種類の割合を使い分けることは、使用する筋肉の配分を分けることでもあり、疲労を分散させることにもなる。

12時の位置から一瞬だけ踏み込むことが特徴。野球のバッティングのインパクトと同じイメージだ。ギアは回転重視型よりも、若干重め。フォームはサドル上で骨盤を前に倒すようにする。通常のフォームでは踏み込めないギアが、スムーズに回る。これは主に使用する大臀筋（太腿からお尻）が大きな筋肉であり、出力も大きいからだ

上半身から骨盤の角度が、回転重視型ペダリングと異なるのに注目

背中を反らし気味にしたときの骨盤の角度が目安だが、このように背中を反らしたままだと、上半身に無理を強いることになる。この姿勢から、息を軽くはいて、背中が丸みをおびるくらいが適正

上りのフォーム①　シッティング

サドルに座った姿勢をシッティング、サドルから腰を上げた姿勢をダンシング（スタンディング）という。上りでは勾配のために自転車が前上がりになるので、勾配に合わせて、上半身を前に傾ける。同じシッティングでも、右はリラックスしており（回転重視型）、上体を起こし、呼吸を楽にしている。左は使用するギアが若干重めで、ハードに（トルク重視型）ペダリングしている。左は、腕を介して上半身で前輪を接地面に押し付けていることと、骨盤の角度も、右より前傾気味になっていることに注目

上りのフォーム②　ダンシング（スタンディング）

ダンシングはスプリント型（筋肉中心）と、巡航型（体重中心）があるが、ここで紹介するのは後者。ダンシングではまずサドルから腰を浮かせる、と思われがちだが、回転重視型からトルク型重視へと移行するにつれ、腰の位置はサドル上を前にずれ、その延長線上でサドルから腰が離れる、というイメージ。ギアは若干重めで、ペダルを踏み込んだときに、速やかにペダルが下がる程度が目安。ペダルが２時の位置で体重を乗せて踏み込み、すぐに体重を抜く。腰の位置はサドルの斜め上あたりだが、後ろすぎると体重を乗せられないし、前すぎると踏んだ力を抜けない。正面から見ると、体のラインは左右に振れず、自転車が軽く左右に振れる

走行状況を数値で知る

スポーツサイクルでよく使われるデジタル計器は、サイクルコンピュータ（スピードを計測）、ケイデンスメーター（1分間のペダリング数を計測。サイクルコンピュータに組み込まれているタイプがある）、ハートレイトモニタ（1分間の心拍数を計測）の3つ。これらを使うと、スピードやペダルの回転数、運動強度などを、感覚ではなく、数値で知ることができる。

サイクルコンピュータ

最初に取り付けるデジタル計器というと、サイクルコンピュータが一般的。走行距離や時速を表示してくれるもので、走行時の目標や目安になる。だが、100kmを走りきるために、時速20kmで5時間走り続けようなどという目標設定は間違い。

体のことを考えるなら、先に心拍数ありき、なのである。まずは適切な心拍数を維持することが重要なのだ。そこでサイクルコンピュータだけを取り付けている人に意識してほしいのが、体の中からの声によく耳を傾けながら、息が上がらないくらいのペースを維持して走り、それが時速何kmであるかを知ることだ。

このペースは通称ニコニコペースともいわれるもので、長い距離を走るうえでの、巡航速度と考えてもよい。それを知るためには、こんな実験も有効だ。交通量が少なく、信号などで止まることのない平坦な道を選び、最初の1kmを時速14kmで走行、次の1kmで16kmと、1kmごとに時速を2km上げ、可能なら時速34kmくらいまで上げてみよう。この中で、自分のニコニコペースがどれかを探すのだ。これが長時間、巡航できるスピードと考えてよい。

ただしこのスピードは、風向きや勾配、路面状況などの外的要因に左右されるし、使用する自転車や乗っている本人のスキル、経験、体調によっても異なることをお忘れなく。

長丁場では、最初、スピードを上げ気味になるが、そうなると後半で一気にペースダウンする。そのためにも走りはじめに適当な巡航速度を守ることは、1日をトータルで見ても効率的なのだ。

ケイデンスメーター

ケイデンスメーターとは1分間のペダリング数を計測するもの。サイクルコンピュータの上位機種には、ケイデンス測定機能が付いている。この機能が付くことで、値段は高くはなるが、ケイデンスを測定できるメリットは大きい。

ではなぜ、軽いギアを回すことがよいのか？

答えは筋肉、関節への負荷が少ないから。ある一定のスピードを保つためには、重いギアをゆっくりながらも、力を込めて踏むか、軽いギアを高回転で回すかのどちらかだ。後者の方が、長時間続けやすいし、有酸素運動の領域内で、ペダリングを続けることができるからだ。

そこで「何回転がよいのか？」となるが、それは千差万別。プロレベルでは1分間に100回転以上ともいわれるが、ビギナーは1分間に70回転でも、サドル上でお尻が跳ね、エネルギーをロスする場合もある。最初か

ケイデンスはフレーム（チェーンステイ）につけたセンサーと、クランクにつけたマグネットによって計測される

CADとして表されているのがケイデンス。この場合は時速20.8kmで1分間に82回転

らケイデンスメーターで数値を設定して走るのではなく、まずはケイデンスメーターを見ずに、感覚を頼りに気持ちよく進むギアを選んで走り、そのときの回転数をチェックしよう。それが50回転でも60回転でもよいのだ。

人間の持つ、運動量に対して得られるスピード感も捨てたものではなく、そのときのペダリングスキルでの自然に心地よい回転数を選んでいるのだ。そこから徐々に回転数を上げられるよう、意識してみよう。

ハートレイトモニタ

短い時間でゼイゼイハアハアと息が切れるほどのハードな運動をすると、充実感がある。だが、健康のための運動とは、有酸素運動で心肺機能を高め、体脂肪を燃焼すること。その場合には、何度も述べてきたニコニコペースで、なるべく長く運動することが重要だ。

ハートレイトモニタは一分間の心拍数を表示するもので、運動強度の目安となる。最大エアロビック心拍数とは、その数値を超えない値が、有酸素運動であるということ。それを求める方法として「１８０公式」（28ページ参照）がある。ハートレイトモニタによって、無理のない運動強度を知ることができるのだ。

ロードレースやＭＴＢのクロスカントリーなど、持久系の選手は、ＬＳＤ（ロング・スロー・ディスタンス）トレーニングという、長時間、低速で、長距離を走るという方法で、心肺機能を高めている。この方法は競技のためだけでなく、有酸素運動として非常に効果的。１００kmを目指すときに、大いに意識したい。

筋肉を働かせるためには、その末端まで酸素を送り込む必要がある。酸素は血液中のヘモグロビンと結びついて、末端の毛細血管まで運ばれる。ヘモグロビンを増加させるとともに、体中の毛細血管を発達させ、より多くの酸素を効率的に運べるようにするのが、ＬＳＤトレーニングである。

　これによって心肺機能が発達させられるとともに、体脂肪燃焼も促進できる。

　まずはニコニコペースで走っているときの心拍数を測定し、それを維持するように走ろう。1週間に1回、1回に3時間以上のライドを継続的に行うと、ニコニコペースでの心拍数が上昇せずに、スピードアップすることに気づくだろう。

　心拍数を上げることなく、ペダリング回転数が上がっているなら、それはペダリングスキルが上がったということだ。筋肉や関節への負荷がより少なくなるので、長時間の運動でもダメージが少ないといえる。

トレーニング強度のピラミッド

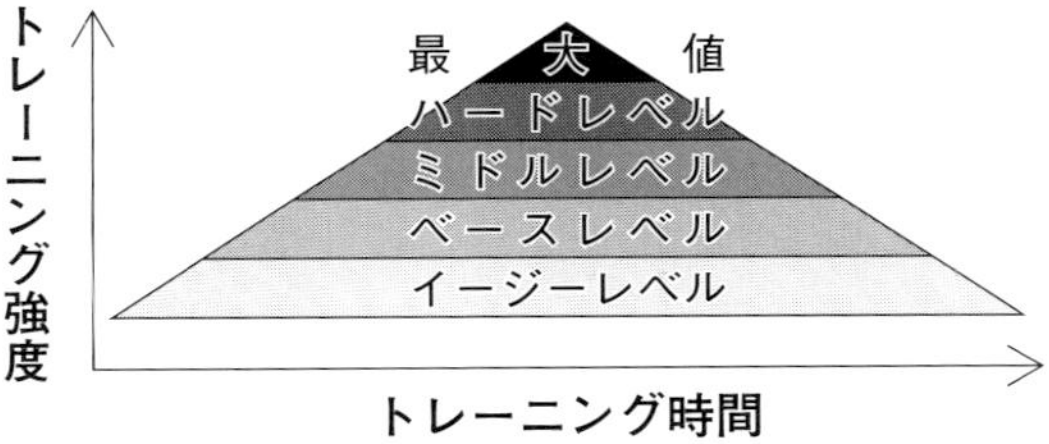

競技レベルではスピードが求められる。しかしそれは、大きなピラミッドの底辺があってこそ

竹谷選手は、自転車にワットセンサーを取り付け、人間の力が常にどのくらい自転車に伝えられているかを計測し、効率的なペダリングを導き出した

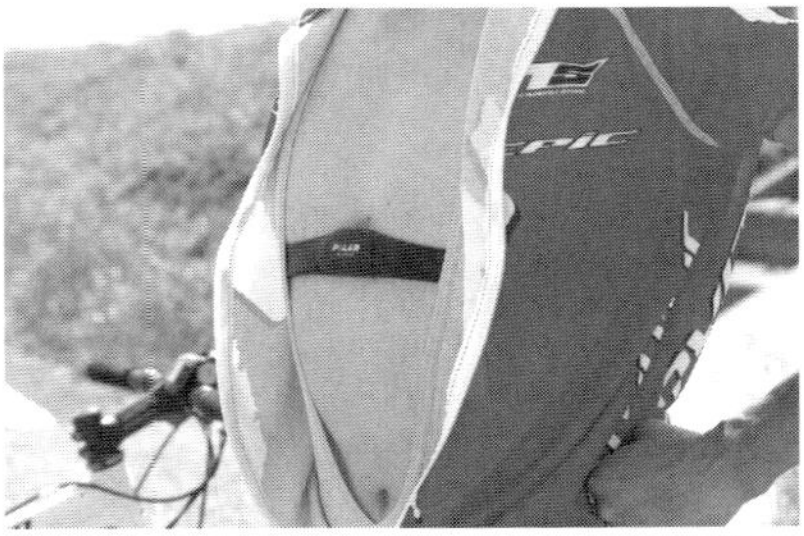

胸にハートレイトモニタのセンサーを取り付け、心拍数を計測する

上りを楽しく

１００㎞を走ろうとすると、それなりに山坂は出てくる。自転車で走ろうとすると、とかく上り坂を避けがちになるが、登山者が山頂を目指すように、敢えて峠を中心にルートを設定する人も決して珍しくない。

　スポーツサイクルは上りが楽しい。こういうと、日ごろから鍛えている自虐的でストイックな人たちだけの話と思うだろう。

　しかし、それは違う。こんな体験をしたことがある。イタリアの山岳地帯、ドロミテ地方でＭＴＢツアーに参加したとき、1時間ほどの上り坂を走り終えたところで、一緒に参加していたイタリア人女性（40歳代後半）は、サポートカーに乗り込んでしまった。下りの爽快感を求めて、頑張って上るものと思っていた筆者は、不思議に思って聞いてみた。

「はるか上に見えていたところにたどり着き、そこには空が大きく広がり、そして走り出したところが、彼方に見下ろせる。上りこそが爽快よ。下りは怖いし、景色も見られないからパスね」と言って笑った。その後、夕食を共にしたが「こうしておいしく食事を楽しめるのも、上りのお陰」といっていた。

　筆者は自転車ツアーのガイドとして、多くの人をリードしてきた。以前、上り坂になると「みなさんのペースで気楽に来てください」と言って、ピークで再集合にしていた。こうすると全員が限界に近いペースで頑張り、結果として非常に辛い印象が残る。

　ところが筆者が先頭でペースを抑え、軽いギアを選び、話ができるくらいの運動強度でゆっくり走る。いわゆるニコニコペースだ。すると「いつの間にか

下りでは景色を楽しむ余裕などはない。しかし上りでは、道端の一木一草にも目はいく。野の草花などから季節のうつろいを感じることができるのも、上りならでは。最初は谷間を走っていて、それが少しずつ高度を上げていくにつれて、空が大きく開けてくるという感覚もうれしい

ピークに着いてしまった」という印象になるから不思議だ。

限界に近いペースで頑張ると、休憩のときに座り込んだが最後、もう腰を上げられなくことも多い。ウサギとカメの競争ではないが、ゆっくりと話しながら上る方が、結果的に早く上り切ることも多い。また、1日の後半での疲労の少なさも強く感じる。

また、このペースの方が、適度な有酸素運動となり、体脂肪燃焼にも効果的なことは先述のとおりだ。

スポーツサイクルには多くのギアが付いている。それは、より勾配のきつい坂を上るためだ

けでなく、ほどほどの勾配の坂をゆっくりと登るためでもある。

ギアは軽い方から使う

上り坂に入ると、1枚、また1枚とギアを軽くしていくのが一般的。このとき「軽いギアがあと2枚しかない」という恐怖感から、なるべく重いギアで頑張ろうとする。これは間違いだ。

重いギアを使えば、筋肉や関節への負担が大きく、効率的でないばかりか疲れやすい。我慢するくらいなら、最初から軽いギアを使った方が楽なことは言うまでもない。

最初に最も軽いギアを使い、軽すぎるようであれば、1枚ずつ重くする。こうするとメンタルな面でも随分と楽になる。

標高差を知ろう

上りの難易度は距離よりも標高差で判断するとよい。地図といっても、ロードマップなどではわからないことが多く、地形図（国土地理院の2万5000分の1地形図など）を参考にするとよい（インターネットの検索サイトで「国土地理院　2万5千分1地形図」などをキーワードに検索すると閲覧できる）。

何度か上っていると「1時間で400m」などと、自分なりの基準ができてくる。最もつらいのは、他人に連れてこられて、いつ終わるともわからない上りが延々続くこと。「あと少し、がんばれ」といわれても腹が立つだけだ。大切なことは、何割くらい上ったとか、標高差はどのくらい残っているかという具体的なことを知ることである。

高度計で標高を確認しながらであれば、どれだけ上ったかがわかって楽しい

コラム

安全に走るために

スキルの違う2人が一緒に走った後に、ベテランが「今日は山がきれいに見えていたね？」と、ビギナーに話しかけたとしよう。そのときビギナーは「え？」といって返答に困る、というのはよくある話。

ベテランは自転車の操作を無意識のうちに行い、その分の意識を情報収集にあてる。ところがビギナーの意識は、自転車の操作だけでいっぱいで、周辺状況を把握するまでに至らない。危険予知という観点から比べると、ベテランははるかに安全だといえる。

情報収集と判断

自転車に乗っていると、いろいろな情報を無意識のうちに集めている。空が青い、風向きが変わった、路面が荒れてきた、鳥が鳴いている、道路脇のおばあさんが飛び出してきそうだ、など多岐に渡る。これらの中で、ライダーが特に敏感に反応するのは安全面。多くの情報の中から、安全にかかわるトピックを取捨選択している。

たとえばサイクリングロードを走っているとしよう。ライダーは犬を散歩させる歩行者や、車止めの柵、反対側から走ってくる自転車などは、強く認識する。

視線と視野

免許取りたてのドライバーが運転すると、目の前のクルマを見るのがやっと。他を見る余裕がなく、前のクルマのブレーキランプを見て、急ブレーキでなんとか止まるという場合が多い。

ベテランドライバーは道路全体を見渡し、前のクルマより先のクルマや信号も見る。そのため、あらかじめ危険を予測して、減速できるので、急ブレーキにもならない。

時速20㎞で走っていて、見ているのがわずか5ｍ先だったら、突然現れる障害物に対応し切れない。このときに20ｍ先を見ていたら、早く障害物に気が付き、余裕をもって対処できる。

また、遠くを見るというのは、遠くの一点を見つめるのではなく、広い視野をキープするということなのだ。

「あのときにクルマが来ていたら危なかった」という場面は、実は多くのライダーが経験している。だが、あくまでも安全と判断した範囲内で走ろう。そのためには、ハードすぎる計画は立てないこと、漫然と走らないよう意識することなどが大切だ。

下りとコーナーリング

峠道などの長い下りにさしかかる前に、必ずブレーキをチェックしよう。両手を使って、片方のブレーキレバーを握り込んで、ワイヤーの固定が緩まなければOKだ。

また、夏でもウインドブレーカーを着るようにする。風を受け続けると、体は冷え切ってしまう。

ブレーキング

コーナーリングで最も大切なことは、コーナーに入る前までに十分に減速しておくことである。コーナーリングの最中は、ノーブレーキが基本。コーナーリング中は遠心力が働き、ライダーには外へ外へと放り出される力がかかる。このときに制動力がかかると、重心が前方から外側にかけて移動しようとするので、不安定になりやすいからだ。

コーナーの途中で必要にせまられたら、重心が変化しにくい後ろブレーキを使い、慎重にスピードをコントロールする。

走行ライン

走行ラインは大きなアールを描くほど安定する。コーナーの外側から入り、頂点で内側を通って外側へと駆け抜ける「アウト・イン・アウト」ができればベスト。だがこれもコーナーの見通しがよく、対向車などの心配がないところが条件だ。そうでない場所では、左側通行を忠実に守ったライン取りということになる。

視線

思ったとおりのラインを走るには、視線が重要だ。自分が行くべき方向に、積極的に目を向ける。自分の意思にかかわらず、視線のポイントに向かって進んでしまうのは、スキーや自動車の運転でも同じこと。怖いと思ってコーナーの外側を見ると、そこに吸い寄せられるようにコースアウトしてしまう。視線は意識的に前方・内側に定めていく。早い状況判断のためにも、遠くを見ることが重要だ。

走行ラインと視線、ブレーキングポイント

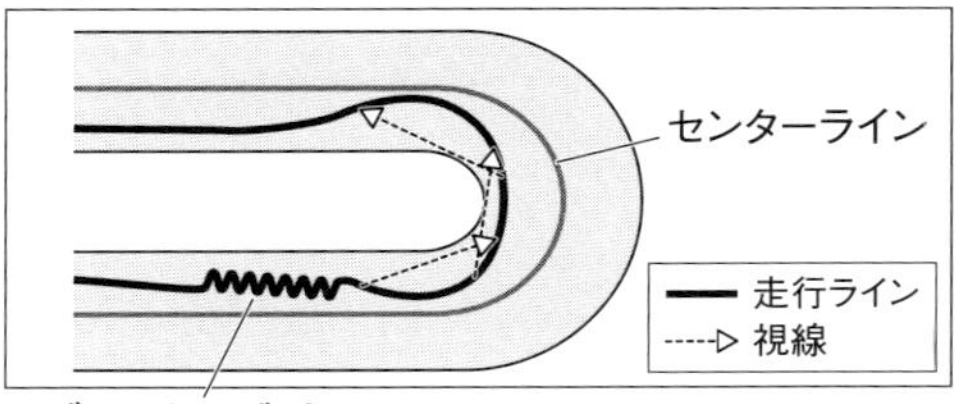

走行ラインは安全の範囲内で、なるべく大きなカーブを描く。コーナーに入る手前で十分に減速し、視線は進むべき方向に向ける

フォーム
コーナーリングのフォームで大切なことは、外側の足を下にして荷重することだ。このフォームによって、タイヤのイン側が地面に押し付けられ、グリップ力は増していく。外側の足を踏ん張り、遠心力に対抗しながら回っていくのは、スキーのターンと同じだ

オフロードの下り
オフロードでは、サドルからお尻を上げることが基本。このためには左右のペダルは、水平に構えるとやりやすい。これによって、地面からの衝撃は、背骨に直接伝わらず、足首や膝などの関節で吸収される。またサドルにかかる体重が、ペダルに移るので、低重心となり、安定感も増す。恐怖心から片足、あるいは両足をペダルから離すと、重心が高くなり、ショックも体に伝わりやすく、逆効果となる

集団走行

１００kmを走り切るためには、チーム力を利用すると効果的だ。スポーツサイクルは個人スポーツであって、野球やサッカーのようにチームがないとできないものではない。だが、チームとして走ると、より効率的だ。チームといっても何人いなければならないというものではない。2人でも3人でもよい。

複数で走るメリットは風対策だ。自転車の進行を阻むものとして、路面抵抗、重力（つまり上り）、空気抵抗がある。無風状態で時速20kmで走っていると、時速20km、つまり秒速5・5ｍの風を常に受けていることになるのだ。

試しに、先頭のライダーの後ろに、ピッタリ付いて走ってみると、それまで体に受けていた風が驚くほど少なくなり、ペダリングが楽になるだろう。数十秒から数分して、先頭が疲れてきたら（本当は疲れる前に）、最後尾に下がり、2番目の人が先頭となる。

これをスポーツサイクル用語で、「先頭交代」と呼ぶ。ロードレースなどでは基本的な走行フォーメーションである。互いの力を生かし合って、より速く、より遠くに行ける。

慣れないときは、先頭になった瞬間に頑張りすぎてスピードアップしてしまう。同じペースをキープすることが大切だ。その意味ではサイクルコンピュータなどを目安にするとよい。

集団走行は交通量の少ない道で行う、前のライダーのさらに前の状況も把握する、手信号、声かけ、交代方法などのルールを、事前に決めておくことが重要だ。

風向きの強いときは、先頭交代がことさら強い味方になる。

手信号、先頭交代のルールの一例

これは全国的に統一されたものではない。あくまでもグループ内で予め決めるものである

先頭を交代のときは「替わる」という意味で、右手を横に出し、後方からクルマなどの危険がないかを確認し、右に出て、本隊に抜いてもらう

ライダーの左手に危険（路面の穴、歩行者）がある場合は、その数十メートル前から路面を指差す。後方ライダーは、その危険が把握できなくとも、同様にして、何かしらの危険があることを伝える

「これから減速をする」という意味で、手のひらを路面側に向ける。減速動作に入ってから、このようにハンドルから片手を離すことは危険だ。そうなったら大声で知らせる方が安全だ

先頭交代の流れ

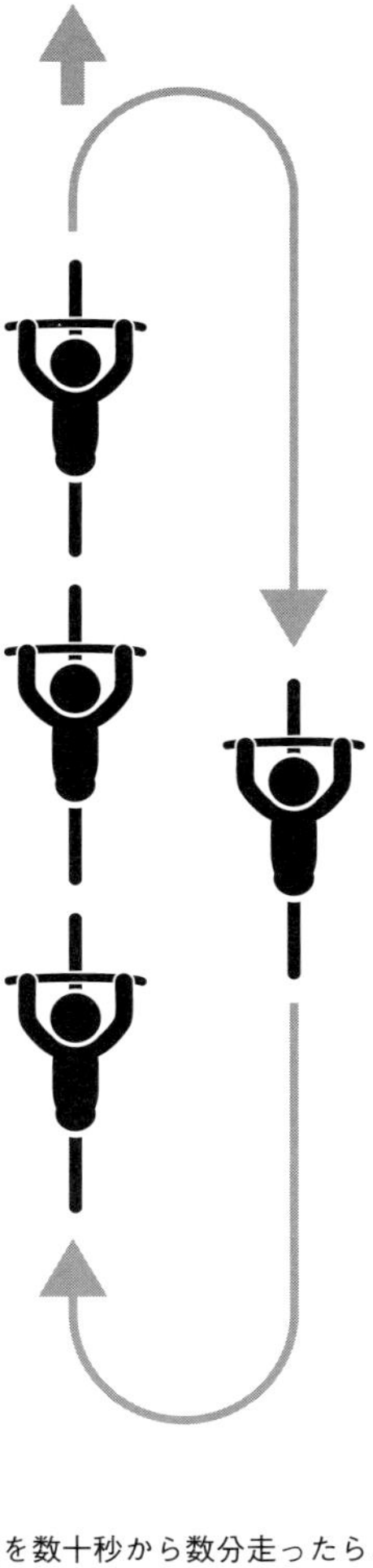

先頭を数十秒から数分走ったら、横に出て、本体に抜いてもらい、最後尾に着く。疲れた人がいたら、その人は先頭時間を短くするか、先頭に出ないようにすればいい

走行前後の体のケア

体はゆっくりと暖める。これは1日を通しての疲労を少なくする基本であるとともに、関節や筋肉への障害を予防するうえで、非常に重要なことである。

　スポーツサイクルがおもしろくなってきて、走りたいと欲が出てくると、最初からトップスピードで走りたくなる。そんなときほど、体を壊しやすい。ゆっくりと体を暖めることを心がけよう。

ウオームアップ

　ウオームアップの第一段階は、体を暖めること。歩く、軽いギアでペダリングする、関節を曲げ伸ばすなどを、あくまでも軽く行う。

　体全体が暖まってきたら、ストレッチをしてウオームアップの仕上げとする。

　体が暖まる前にハードにストレッチをする人がいるが、これは逆効果。筋肉や関節が暖まった状態で、ゆっくりと伸ばすことが大切なのだ。

　また、走り出しの数分は、意識的に軽めのギアを使ってアップする。これによってニーシック（膝の痛み）の予防にもなる。

また停止状態からのスタート時には、軽めのギアを使うことを習慣にすることでも、ニーシックなどの予防になる。

クールダウン

　クールダウンは疲れを残さないために行う。ウオームアップに比べておろそかにされがちだが、この効果はとても大きい。

　クールダウンの重要性については、筋肉痛のメカニズムを知っておくとわかりやすい。

　運動を続けると筋肉中のグリコーゲンという物質が燃やされ、乳酸という老廃物が生まれる。これが毛細血管中で血液の循環を鈍らせることになり、疲れの元となる。

走り終えて疲れた状態のままにしておくと、その乳酸はなかなか除去されない。これが筋肉痛の状態だ。放っておいても和らぐが、時間がかかる。そこで、走行後にも軽い有酸素運動を続けて、血液中に酸素を送り込み、乳酸を除去する。これがクールダウンなのだ。

具体的な方法としては、ウオームアップと同じように、軽いペダリングやウオーキングなど。決して負荷をかけないことが大切だ。

ストレッチも筋肉を収縮させることで、毛細血管の動きを活発にするので効果は大きい。セルフマッサージなども、結果的には同じような効果となる。

これまで筋肉の話を中心にしてきたが、骨と筋肉をつなぐ腱などに痛みを感じる場合には注意が必要だ。できるだけ早く、専門医の診察を受ける方がよい。

ストレッチ

ストレッチとは筋肉を伸ばして、筋肉や関節靭帯、腱などの障害を予防、疲労回復を早めるもの。関節の動く範囲を広げることになり、体の柔軟性を高める効果もある。

実際に行う前に、以下のことに注意しよう。

①体を暖めてからする

体が固まっているときのストレッチは、逆効果。故障の原因ともなる。

②反動をつけないこと

勢いに頼ると、必要以上に伸ばして傷めてしまう。痛いと感じるところまで伸ばすのも逆効果。やりすぎはよくないのだ。

③リラックスする

深呼吸しながら1カ所に10〜30秒はかける。リラックスといっても漫然とポーズをとるのではなく、伸ばしているところに意識を集中させる。

セルフマッサージ

プロのレーサーは、必ずマッ

サージを行っている。だがプロレーサーでなくとも、マッサージは有効だし、自分でもある程度はできる。それがセルフマッサージだ。特に運動後の疲労回復に効果的だ。会話をしながらやテレビを見ながらでもできる。気軽にやってみよう。入浴時に石けんを使ってすべりをよくして行うのも効果的だ。

セルフマッサージの基本は、手のひらや指を、筋肉に沿って末端から中枢へとさするように動かすこと。毛細血管の末端にたまった老廃物を、心臓に向かって送り出すようなイメージだ。このとき、関節の先までさするのがポイント。筋肉は関節の先から始まっているからだ。また、マッサージは一方通行でさすることが重要。往復してさすってはいけない。

他にも押す、もみほぐすなども効果的。心地よい範囲で行うのが基本だ。

アイシング

大リーグのピッチャーが、降板後にベンチで肩をグルグル巻きにしている映像が流れることがある。それがアイシングだ。筋肉を使うと、熱をもつ。それは軽い炎症でもある。炎症を冷やして抑えることと、冷やして血流が流れにくい状態を作ることで、アイシングをやめたときに、より活発な血流を促し、筋肉中の老廃物の除去を促進することができるのだ。

アイシングバッグという専用バッグもあるが、ビニール袋（二重がベター）でも十分だ。氷水を入れ、熱をもっていると感じるところに当てる。氷のみを直接肌に当てると、凍傷の原因となりやすいので要注意。

最初は激痛との闘いだが、5分ほどたつと、感覚がなくなってくる。計20分ほど行い、アイシングを止めると、急激に血液が流れ出すことが実感でき、またその後の筋疲労も格段に和らぐことを実感するだろう。

●上半身のストレッチ

上半身は大きな動きはないが、常に力がかかり、凝りやすい。よく伸ばしてほぐしておく

肩と背中の上部中央あたりを伸ばす。肘の関節を、空いた手で引き付けるようにする

手を背中側で組み、上へ持ち上げながら、上腕、肩、胸を伸ばす。胸を張り、あごを引く

上腕から前腕にかけての内側を伸ばす

肘をつかみ、そのまま傾けて、上腕から体の側面を伸ばす

●下半身のストレッチ

筋肉や関節が激しく動くのは下半身。それだけに、入念にストレッチしておきたい

組んだ脚を、外側から肘で押す。背中、腰、大腿部をねじるように伸ばす

仰向けから上半身と下半身をねじり、胸、腰、臀部を伸ばす。顔は足と反対を向く

前足を直角に曲げ、肩を入れていくと、大腿部の後ろ側から臀部が伸びる

大腿部前部を伸ばす。膝が地面に、かかとがお尻に着いていることが大切

セルフマッサージは末端から心臓に向かってさするのが基本

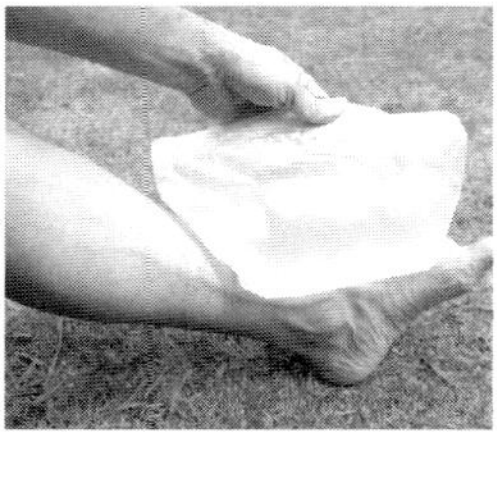

アイシングバッグという専用バッグを使い、バンデージ（ともに薬局で購入可）で巻いて圧迫すると、さらに効果的

走行中の体のケア

汗とは皮膚から出る水蒸気が結露した状態をいう。自転車で走っているときは、風が当たっているので、汗を感じない（濡れた状態にならない）。これはスポーツサイクルの盲点である。

水分は常に体外に放出されている。また、皮膚からだけでなく、呼吸時の水分放出も多い。このことをライダー自身が、強く意識していなければならない。

人の体は体重の2～3%の水が失われると、運動能力は著しく低下し、危険な状態となる。体重が60kgであれば1～2リットルである。そこまでならなくとも、血液の濃度が高くなって粘りが増すと、毛細血管中の血液の循環が悪化、酸素と栄養素が全身に行き渡らない、二酸化炭素や老廃物も排出されにくくなる、という事態を引き起こす。体のことを考えると、体内の水分量をなるべく一定に保つのが理想。

水分補給は点滴のイメージ

それではどのような飲み方が理想か。飲む量は運動量、発汗量によって違うので、一概にはいえない。ここでは飲み方についてのみ触れよう。理想は「点滴」のイメージだ。つまり、チビリチビリと少しずつ、しかもなるべく絶え間なく飲み続けるということだ。

のどが渇く、いやそれ以前に口の中に粘りけを感じるのは、体内の水分が不足している表れ。脱水症状の始まりである。まずは自分の体に敏感になるとともに、そう感じないように水分を摂ろう。

水を飲まずに走り続け、休憩したときにガブ飲みするというのは効果的ではない。水分は胃から吸収されるが、一度に吸収

バイク用ボトルは、飲み口を前歯で軽く引っ掛けると、開くようにできている。フレームにセットすれば、走りながら飲める

	バイク用ボトル	ペットボトル
水を飲む頻度	多い	少ない
一度に飲む水の量	少ない	多い
合計の飲む水の量	多い	少ない
尿の量	少ない	多い
のどの渇き	感じにくい	感じやすい

ハイドレーションシステムという、バックパックなどに水のタンクを入れ、ホースを口元にセットするシステムは、常により手軽に飲むことができる優れものだ

できる量は限られているので、残りは尿となって排泄されてしまうからだ。

自転車のボトルは、走りながらでも飲めるようにできている。ペットボトルをデイパックに入れておくという方法は、水を持たないよりはよいが、飲むために一旦止まって、ボトルの蓋を開けるという作業が必要で、ついおっくうになってしまう。せっかく効率のよい方法があるので、利用しない手はない。

量は発汗の具合にもよるが、夏の上りならば1時間に５００ミリリットル以上は必要だ。運動する前に、コップ1杯ほどの水を飲んでおくのも手だ。

ボトルの中身は水でもスポーツドリンクでもいい。スポーツドリングは発汗と同時に排出された塩分やミネラル、さらには燃焼効率を高める糖分などを補給できる。ライディング中は薄めておいた方が飲みやすい。水は補充しやすく、ケガをしたときに傷口を洗い流すことができるというメリットもある。

休憩

午前中は調子よく、軽快にペダリングできたので、休憩も取らずに走り続け、ときには思いっきり飛ばしてみる。これはこれで楽しいが、この場合、後半で一気に疲れが出てくることが多い。

長丁場になると、疲れをためない走り方というのが大事になってくる。そのひとつが休憩の取り方だ。休憩は1時間をひとつのサイクルとして、55分走って5分休むことが目安。ビギナーは50分対10分でもよい。

大切なことは、疲れを体感していなくとも休むこと、しかし休みすぎないこと、そして走行と休憩のリズムを守ることだ。

休まずに走り続けて疲労困憊すると、一旦腰を下ろしたらもう立ち上がれないことになる。この方が運動したという気分になり、充実感はある。だが、どれくらい体が運動をしたか、となると話は別。なるべく疲れずに、快適に、長い距離を走ることを目指そう。

また、休憩時にはストレッチをしておくと、疲れがたまりにくい。脚周辺は常に大きな動きがあるが、上半身の動きは少ない。だが上半身にもしっかりと力がかかっている。そんな個所こそ、血液の流れが悪くなりやすい。休憩時には上半身を重点的に、ストレッチをしておこう。リフレッシュして走り出すことができるし、その積み重ねが1日を通しての疲労の少なさ、翌日の疲労の残りにくさとなってあらわれてくる。

体調がよいからといっても走り続けるのではなく、限られた休憩時間を、一定のリズムで取ることが大切だ

ウエアリング

休憩時には体温の管理についても気を配ろう。晩秋から春先

にかけては、気温が低い。スポーツサイクルはいつも風を受けているので、体が冷やされているが、風をシャットアウトするウインドブレーカーなどを着ると、汗をかきやすい。気温によってはウインドブレーカーのジッパーを開けるなどして、体に多少の風を入れるなど、細かな調整をすると、汗だくになるのを防ぎ、疲労をためにくい。

　また寒い時期は多く着こんで走り出し、休憩になってようやくウインドブレーカーを脱ぐということが多い。それではかなり汗をかくことになる。そして休憩をしている間に汗が冷え、走り始めるときにはまた着込むというケースが多い。

　これは消耗しやすいパターン。体が温まってきた時点で、おっくうがらずに調整することが大切だ。

雨＝低体温症に注意

　自転車乗りは雨対策が甘い、という言葉は、登山家などから指摘されている。実際、登山者やカヌーイストなどに比べて、スポーツサイクルの愛好者はレインウエアを軽視しがちだ。スポーツサイクルが走るところは人の住む世界、ということで、何かあれば逃げ道はあると考えられているのかもしれない。

　たとえ夏でも、雨に濡れて走ると、寒さで歯がガタガタ鳴ったり、体の震えが止まらなかったりする。長時間の下り坂を、濡れた体で走れば、それはもう確実だ。

　これは軽度の低体温症（ハイサポーミア）だ。体内で熱を生産し、体温が保たれるが、それより早く体から熱が奪われる状態だ。スポーツサイクルは他のスポーツに比べて、風を多く受けることが特徴。だから、濡れた体では、低体温症になりやすいのだ。

　体の震えは、乗車時にハンドリングのブレになるし、さらに進むと、思いどおりに体が動かない、意識も曖昧になったりす

防水透湿をうたったゴアテックス製のレインウエアは、濡れないし、蒸れにくい。ヘルメットカバー、シューズカバー、レイン用オーバーグローブなどを組み合わせると、さらに効果的

どうせ汗で蒸れるからと、レインウエアを着用しない人もいる。しかし、いくら蒸れようがレインウエア内は風がさえぎられるので、低体温症の防止には大いに役立つ

霧が発生すると特に視界が悪くなる。テールライトを点灯させるなどして、クルマなどに対して、自転車の存在をアピールすることも重要だ

雨の日の注意点として、路面が滑りやすい、クルマなどの音が聞こえにくい、クルマからの視認性が悪い、などがある。また、路上の異物が路肩に流されやすく、それが原因でパンクの機会も多くなりがちだ

る。こうなると自転車に乗るどころではなく、交通事故の可能性が高くなる。低体温症は意識不明、昏睡状態、最後には死を招くことになる。登山の例でいうと、冬山よりも、夏山で雨に濡れて低体温症になる例が、圧倒的に多い（夏山人口は冬山人口より多いが）。

一度低体温症になると、道端で休んだとしても、簡単には回復しない。救急車を呼ぶことも考慮しながら、暖かい飲み物を摂り、乾いた服に着替え、とにかく保温すること。体温の放出は頭部からが多いので、帽子やタオルなどで頭部を覆い、首、わきの下、鼠頸部を暖める。

寒い日の注意点

繰り返し書いていることだが、スポーツサイクルの大きな特徴のひとつは、風を受けることだ。これは良くも悪くも、である。そして冬は「悪くも」となる。

ただでさえ気温が低いのに、自転車に乗って風を受けると、体感気温はさらに低下する。風速1m／秒で、体感気温は1度下がるといわれる。気温10度の無風状態の中、時速20km／時（5・5m／秒）で走ると、体感気温は4・5度ということになる。

スポーツサイクルのウエアとしては、着膨れするようなものは動きにくい。薄手のウエアを重ね着することがポイントだ。汗の放出性に優れたアンダーウエア、体温を溜めやすいミッドウエア、風を中に入れないアウターシェル（ウインドブレーカーなど）の3つが基本だ。ウインドブレーカーや、アウトドア用アンダーウエアなどを併用することも有効だ。

走り出しは寒くても、しばらく走っていると、体は汗ばんでくる。スポーツサイクルは運動量が多いのだ。そうなったら、ウインドブレーカーのフロントジッパーを多少開けるなど、外気をウエア内に送り込む。

汗をかき過ぎると、今度はその汗が冷えて体温を奪うことになる。こまめにウエアの調節をすることが重要だ。

また保温用の小物を使って、頭や耳、指など、露出した素肌を覆うと、快適さはアップする。

寒いときは、関節、筋肉なども暖まりにくい。その状態で各部位に大きな負荷をかけることは禁物。早く暖めようとして、上りで重いギアでダッシュすると、関節障害などになりやすい。特に走り出しは、意識して軽めのギアを使い、ゆっくりとペダリングすることを心がけよう。

また、冬の路面は、凍結や霜などによって、滑りやすいことも知っておこう。

食生活とエネルギー補給

自転車で100km走るためには、スタミナの有無が問われる。スタミナとは、長い時間、運動できることをいう。少し細かくいうなら、①体内にエネルギー源があること、②体内でエネルギーを効率よく作り出すこと、③体の隅々まで、酸素を行き渡らせ、老廃物を速やかに取り除くこと、である。

①体内にエネルギー源があること

エネルギー源には脂質（体脂肪や血中脂肪など体内に蓄えられている）と糖質がある。糖質はグリコーゲンとなって肝臓と筋肉の中に蓄えられる。その貯蔵量が多いほど、スタミナがあるということになるが、そのエネルギー量は1400～2000キロカロリー程度。フラットなサイクリングロードを100km走行する場合、年齢や体重、身長にもよるが、約2400キロカロリー前後を消費すると考えられる。適切な補給を怠ると、途中で「バテる」ことになる。

②体内でエネルギーを効率よく作り出すこと

①で述べたエネルギー源を、エネルギーに変換するには、ビタミンB_1の働きが大きい。糖質などのエネルギーが体内に蓄積されていても、ビタミンB_1がなければ不完全燃焼となる。両者は常にセットと考えよう。

③体の隅々まで、酸素を行き渡らせること

血液中にあるヘモグロビンによって、酸素は体の隅々まで運ばれ、老廃物も取り除かれる。ヘモグロビンの重要な成分は鉄である。つまり鉄が少ない状態は、ヘモグロビンが少ない状態であり、疲れやすくなる。

中心的な①～③の要素以外にも、必要な栄養素があり、それらが満たされてこそスタミナがある、という状態になる。以下が代表的なものだ。

ミネラル分…ナトリウム、カリウム、マグネシウム、リン、鉄分などの総称。筋痙攣（脚がつる）、循環機能の障害などはミネラル分不足によることが多い。汗によって流れ出るので、常に補給が必要だ。

ビタミンC…油が空気に触れると酸化するように、体内でも活性酸素による酸化は起こっている（54ページ参照）。これを抑えるのが、抗酸化作用のあるビタミンCだ。ビタミンCはストレスへの耐性もアップさせる。

たんぱく質（アミノ酸）…特

糖質を多く含む食品			
食品名	目安量（g）	糖質（g）	エネルギー（kcal）
ごはん	茶碗1杯（150g）	55.7	252
食パン	6枚切り1枚（60g）	28	158
うどん	ゆで1玉（250g）	54	263
そば	ゆで1玉（220g）	57.2	290
スパゲッティ	1人分（乾80g）	57.8	302
果汁100%りんごジュース	1本（200cc）	24.5	92
はちみつ	大さじ1杯（22g）	17.5	65
あめ	1個（5g）	4.9	20
ビタミンB1を多く含む食品			
食品名	目安量（g）	ビタミンB1（mg）	エネルギー（kcal）
玄米ご飯	1杯（330g）	0.21	199
玄米シリアル	1カップ（30g）	0.38	120
ライ麦パン	6枚切り1枚（70g）	0.18	186
豆腐（木綿）	1/2丁（150g）	0.11	116
ごま	大さじ1杯（8g）	0.08	46
ピーナッツ	30粒（24g）	0.02	135
きゅうりのぬか漬け	1/2本（50g）	0.1	8
豚もも肉	厚さ1cm1枚（100g）	1.13	158
焼き鳥レバー	2串（80g）	0.3	89
鉄を多く含む食品			
食品名	目安量（g）	鉄（mg）	エネルギー（kcal）
レバニラ炒め	1人前（豚レバー60g）	8.6	154
焼き鳥レバー	2串（80g）	7.2	89
焼き肉レバー	1人前（牛レバー100g）	4	132
カツオ	1人前（5切100g）	1.9	129
マグロ（赤身）	1人前（7切70g）	1.4	93
カキフライ	中5個（100g）	3.6	132
アサリの味噌汁	むき身10個分（30g）	2.6	34
アサリの佃煮	中スプーン1杯（10g）	2.5	24
豆腐（木綿）	1人前（100g）	1.6	84
納豆	大1パック（50g）	1.7	100
ほうれん草のごま和え	1人前（100g）	4.6	95
小松菜のおひたし	1人前（100g）	3.1	24
五目ひじき煮	1人前（100g）	5.9	179

スポーツと五大栄養素

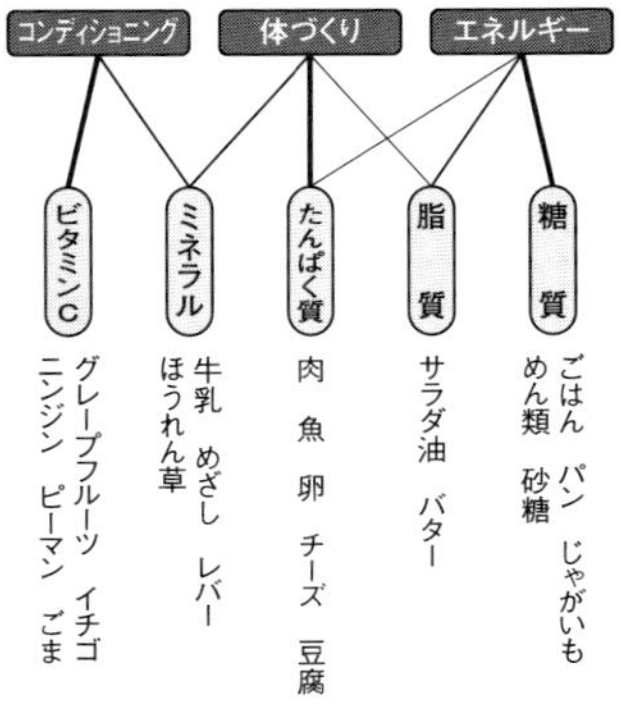

パンは種類によって栄養価は大きく変わる。脂質の量はフランスパンが少なく、その20倍もの脂質がクロワッサンには含まれている。炭水化物摂取がパンを食べることの目的ならば、チョコレートパンやデニッシュ、揚げパン、ドーナツなども脂質が多いので控えたい
（資料提供：㈱明治製菓ザバスニュートリションラボ）

	現　状	理想型	簡便型
朝食	バタートースト　1枚	ライ麦パン　2枚	食パン　3枚
	コーヒー牛乳　1本	牛乳　300ml	プロテインミルク　1杯（牛乳＋プロテイン大さじ2杯）
		ハムエッグ（ハム 2枚　卵2個）	ハム・チーズ　各1枚
		野菜サラダ	イチゴジャム 大さじ1杯
		グレープフルーツ　1/2個	ビタミンタブ　2個
昼食	カレーライス 大盛り1人前	カツカレー　大盛り	カレーライス　大盛り
	炭酸飲料　350ml	牛乳　250ml	プロテインミルク　1杯（牛乳＋プロテイン大さじ2杯）
		海藻サラダ	ビタミンタブ　1個
		オレンジ　1個	カルシウムタブ　1個
夕食	ハンバーグ（合びき）1個	和風ハンバーグ（合びき脂身なし）　大1個	ハンバーグ　大1個
	人参グラッセ	人参とグリーンピースの甘煮	人参とグリーンピースの甘煮
	ごはん　1杯	玄米ご飯　丼2杯	ご飯　丼2杯
	レタスサラダ	アサリの味噌汁	コーンサラダ　1人前
		ほうれん草のおひたし	プロテインミルク　1杯（牛乳＋プロテイン大さじ2杯）
		冷奴　1人前	ビタミンタブ　1個
		イチゴ　10粒	
		牛乳　400ml	

食事の改善法（資料提供：㈱明治製菓ザバスニュートリションラボ）

に分岐鎖アミノ酸（BCAA）は、走行前や走行中に摂取すると、筋肉へのダメージを抑制する。運動後の疲労回復にも役立つ。

朝食の重要性

英語でbreakfast は朝食。fast は「断食」という意味もある。夕食の時間を19時、翌日の朝食を7時とすると、夜食をしないという前提でいえば、12時間は食料を摂取していないことになる。break fast とは、毎日の小さな断食（休息モード）のピリオドであり、体を活動モードに入れ替えるという意味がある。起きて何もせずに走り出すと、通常以上に脈拍は速くなり、心臓への負担も大きいともいわれる。

1日を通してスポーツサイクルを楽しむためには、しっかりと朝食を摂ることが第一だ。とはいっても、普段から朝食を摂らない人が、走る日だけ摂る、というわけにもいかない。日常生活のリズムから見直すことも大切だ（それが難しい人はサプリメントを使用するという方法もある）。

幸いにして自転車は、ランニングのように体が上下に揺れない。食べたものが、胃の中で揺れるという不快感は少ない。食べた後に走り出せるのが、自転

サプリメント摂取

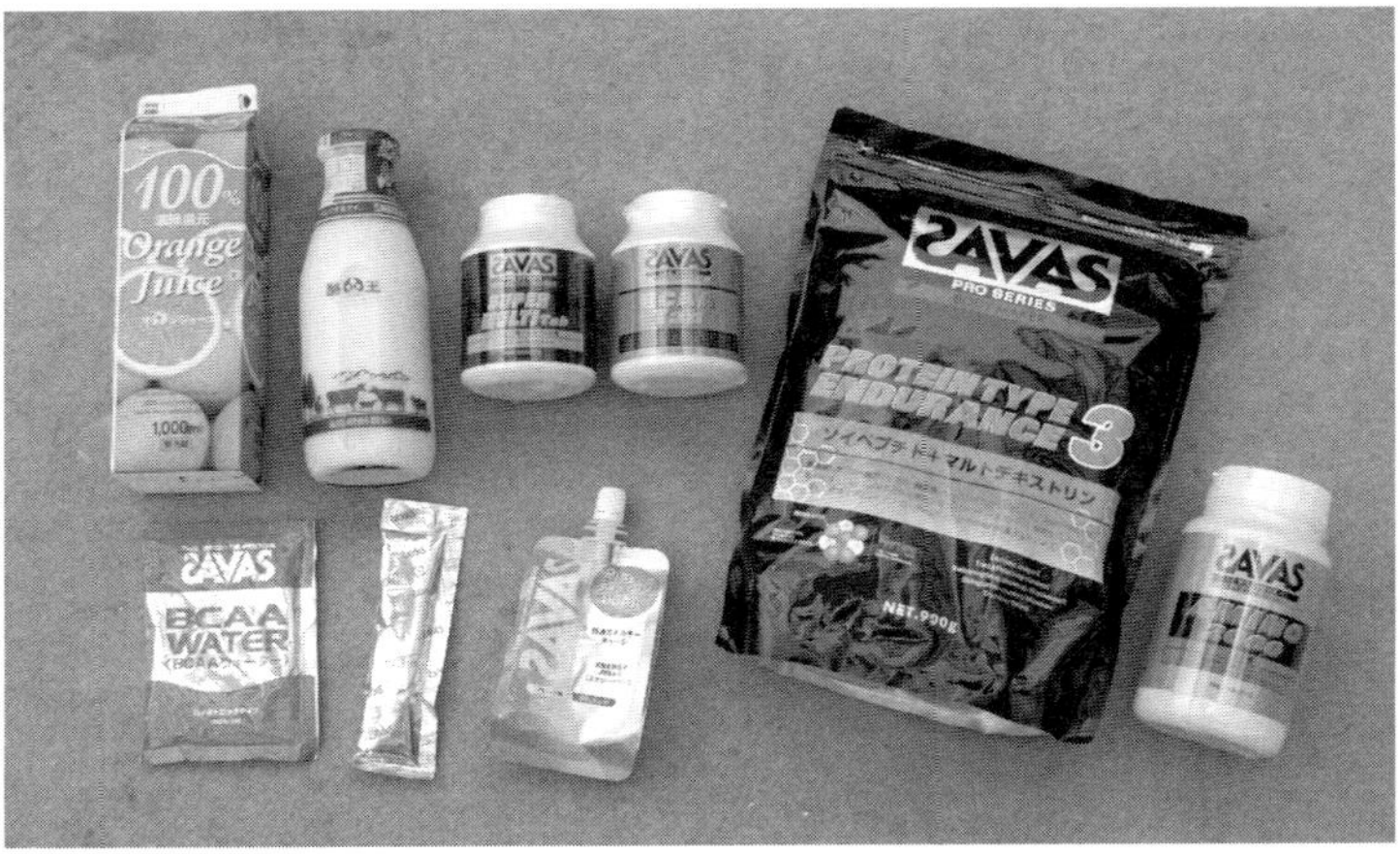

6:00	起床・準備	オレンジジュース　200ml 牛乳　200ml
7:00	朝食	ビタミン・ミネラルタブレット　5粒 BCAAタブレット　10粒
8:00	走行開始 （走りながら）	BCAA配合スポーツドリンク マルトデキストリン配合エネルギードリンク
1時間に5分程度	休憩	エネルギー補給ゼリー
12:00	昼食	ビタミン・ミネラルタブレット　5粒
13:00	走行開始 （走りながら）	BCAA配合スポーツドリンク マルトデキストリン配合エネルギードリンク
1時間に5分程度	休憩	エネルギー補給ゼリー 固形行動食（オヤツ）
17～18:00	走行終了	オレンジジュースか、マルトデキストリン配合エネルギードリンクに、 大豆ペプチドプロテインを2さじ（14g）溶かした飲み物
19:00	夕食	
22:00	就寝	総合アミノ酸タブレット　体重10kgあたり1粒の割合

筆者の企画するやまみちアドベンチャーでは、７月下旬に、北海道縦断と横断ツーリングを、毎年、交互に開催している。４日間で600km走ろうというチャレンジ性の高い企画だ。参加者は日ごろから鍛えぬいた人ではなく、週末を中心に楽しんで走る人たち。サプリメントをはじめとする補給の方法なども、あらかじめ管理栄養士を招いて、講習会を行っている。表はそのときの１日の流れの中での、サプリメントの摂り方の目安。参考になれば幸いだ。（特に朝一番のオレンジジュースと牛乳、もしくはヨーグルト）は効果的。また走行後直後に摂るプロテインは、体を疲労回復モードへと速やかに移行させてくれる

車のよいところでもある。ただし、摂った朝食が吸収され、エネルギーに変わるまでには約3時間かかるといわれる。その間のつなぎとして、エネルギー系のサプリメントを摂ると効果的だ。

走行途中の補給

１００㎞を目指す場合、フラットなコースで、無風、道に迷わないなどという前提で考えてみよう。巡航スピードが20㎞、1時間に5分程度の休憩を取り、途中、信号待ちなどがときどきあると、平均時速は15㎞ほどとなる。

朝8時から走り出すと、12時までに4時間で60㎞。昼に1時間の休憩を取り、13時から16時近くまで走れば、トータルで１００㎞となる。その間は、コンビニなどでエネルギーを補給することになる。

疲れたときには、甘いものがよいといわれているが、砂糖を多く含んだ炭酸飲料などは、一時的に血糖値が上がり元気になるものの、その後一気にパワーダウンする性質がある。急激に上昇した血糖値を抑えようとして多量に分泌されるインスリンのせいである。その点でデキストリンを配合したエネルギー系のサプリメントは、そのようなこともなく吸収も速い。

ただし、腹持ち感がなくてつらいと感じる場合には、固形物もよい。コンビニで売られているもので、補給食の定番はバナナだ。炭水化物が豊富で消化吸収もよい。ジャムパンや羊羹、エネルギーバー、ドライフルーツなども効果的だ。１００％オレンジ（またはグレープフルーツ）ジュースや、梅干などにはクエン酸が多く含まれ、失われた筋肉中のグリコーゲンの回復に適している。

おにぎりの場合は、海苔は消化が悪いので、避けた方が無難。またパスタやうどんなども、マヨネーズやオイルが多いものは、消化吸収を妨げる。

6.自転車と環境

自転車は環境保全の切り札

自転車は環境にやさしい乗り物だといわれている。その理由をきくと「排ガスを出さないから」という答えが返ってくる。では排ガスを出さない電気自動車は自転車と同じくらい環境にやさしい乗り物なのだろうか?

電気を作るのは、石油や石炭を燃やす火力発電、大自然を破壊し生態系に悪影響を及ぼすダムで作る水力発電、安全性や使い終わったあとの処理が心配な原子力発電である。最近話題に上る太陽光発電や風力発電もあるが、それらによって作られる電力は、日本が使う電力の1%に満たない。電気自動車自身は環境にやさしくとも、電気を作る段階で、環境にインパクトを与えているのだ。

環境のことをきちんと考えるには、「環境にやさしい」という言葉を「環境負荷が少ない」という言葉に置き換える必要がある。近年、環境関連で「ＩＳＯ１４０００」という規格をよく耳にする。その中の「ＩＳＯ１４００１の環境管理システム」の考え方では、ものを作るときの原材料採取から、生産・流通・販売・使用・廃棄に至るまで、製品の全ライフサイクルを通して環境への負荷を知ることを要求している。

残念ながら、自動車メーカーで製品のライフサイクルを考えて車を作っているメーカーはまだ一部である。ちなみに、究極のエコカーと呼ばれる燃料電池車も走行時は二酸化炭素を出さないが、燃料である水素を製造するときに排出するので、現行の燃料電池車はハイブリッドカーより環境負荷が1割程度大きい。

自転車が他の乗り物、特に自動車と決定的に違うのはその重さである。平均的自転車の重さは15kg前後だが、自動車の平均

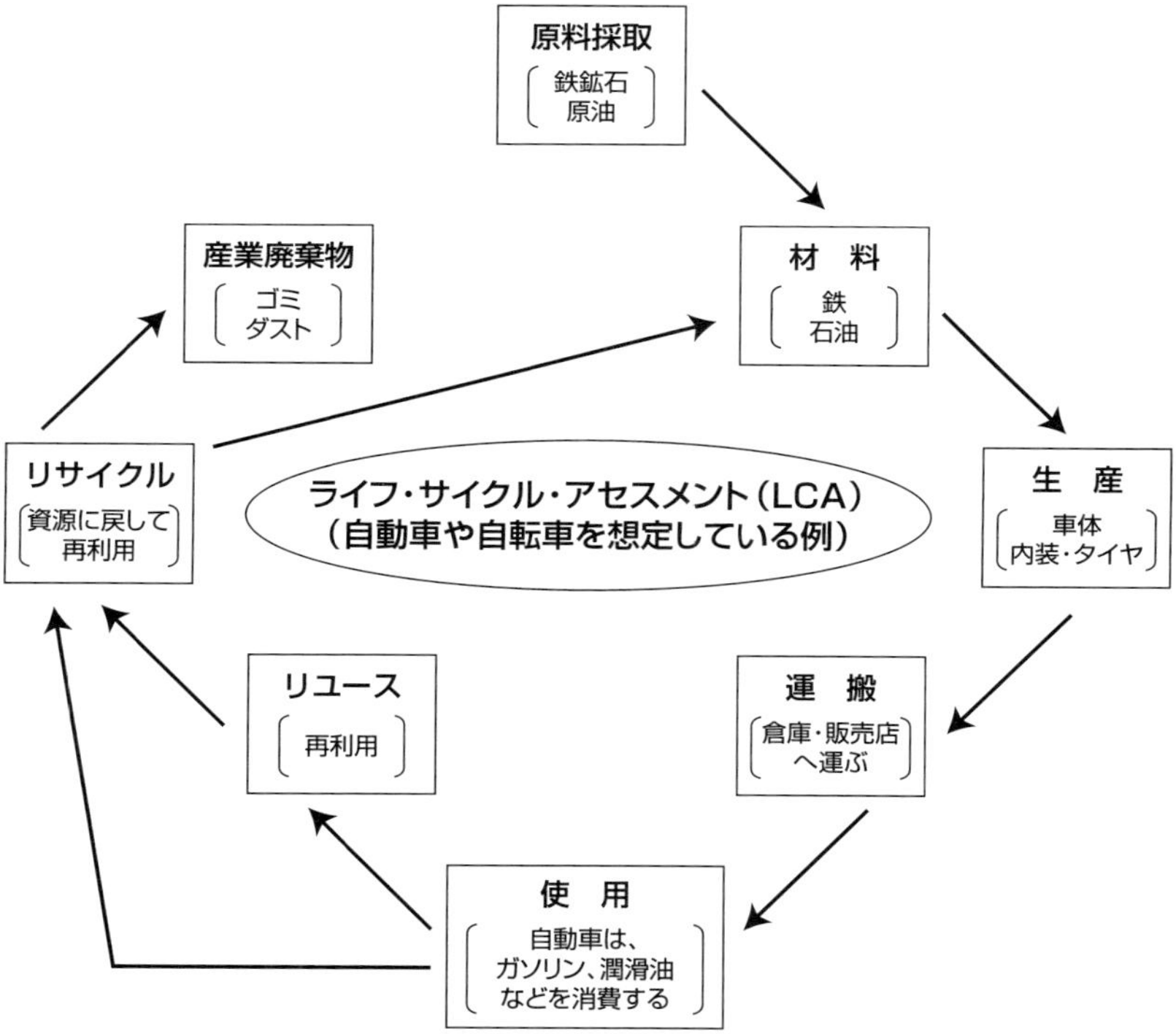

は1トン程度だ。人間1人が移動するために自転車に比べ約70倍もの重さの乗り物に乗るということは、限りある資源を大量消費するということだ。

製品化する際にも大量のエネルギーを投入しているし、工場から消費地に運ぶときにも大型トラックを使っている。利用時には、人間の重さよりはるかに重い車体を動かすために大量の排ガス（地球温暖化の原因である二酸化炭素、人体に悪い有害物質、酸性雨のもととなる汚染物質）をまき散らすのである。

日本人の死亡原因のトップであるがんの中で、肺がんが増加している。排ガスに含まれるべ

自転車の業界団体「自転車協会」が作ったBAAマーク。安全で長持ちする自転車を選べるようになった

ンゾピレンやベンゼン、ブレーキに使われるアスベストは発がん物質であり、肺がんを誘発しているのだ。

自動車がリサイクル可能だとしても、金属をリサイクルするために石油を燃やした熱を加えて処理される。リサイクルできないゴミは産業廃棄物として埋め立てられる。

さらに重い自動車が走るために道路は常に改修が必要だ。自転車や人が通るだけの道は土台作りも簡単で舗装も薄いので環境負荷も費用も少なくてすむ。

家庭から排出される二酸化炭素の最大の発生源は自家用車だ。近年、自転車通勤を選ぶ人が増えている。自分の健康は自分で守る時代になり、自家用車の利用を減らして家庭から出る二酸化炭素を減らすライフスタイルを選んでいるのだろう。

もちろん自転車でも耐用年数を過ぎるとゴミになる。最近自転車の低価格化が進み、自転車を使い捨て感覚で使う人が増えているのは悲しいことだ。自転車を環境にやさしい乗り物にするには、良い自転車を買って長く使うことが大事だ。２００４年9月に㈳自転車協会など業界団体が自主的にスタートした「ＢＡＡ＝安全基準適合車」は、一般の方が、よい自転車をわかりやすく選べるようにしたものであり、「安全な自転車」と「良いものを長く使う」提案である。

自転車は自分の健康に役立ち、生活を豊かにしてくれる素晴らしい道具だという意識をもてれば、不法駐輪、放置自転車問題は解消されるはずだ。

自転車王国オランダでは

自転車という乗り物に追い風と逆風が吹いている。追い風は、健康、環境保全の切り札としての期待である。しかし一方で、放置自転車問題は郊外の駅前にとどまらず大阪の顔である御堂筋にもあふれ、東京都の山手線の駅にも大量に出現、深刻な社会的課題になっている。

スピードを落とさずに歩道を走る自転車も多く、日本では歩道を親子が手をつないで安心して歩けない国になってしまった。

障害者や高齢者の方の中には、自転車は危険極まりない乗り物として嫌悪感をもっている人もいると思う。

道路交通法の「歩道を自転車が通行する時は歩行者の通行を妨げてはならない」は、ほとんど守られていない。逆に、歩行者が自転車にベルを鳴らされて謝っている。

障害があり車椅子生活をよぎなくされている人々は、駅前放置自転車に対してどう思っているのだろう。健常者の想像を超えた迷惑をこうむっているに違いない。

ヨーロッパの自転車環境

こうした社会的課題を解決し、あるべき自転車社会を学ぶため、私（中村）は、自転車先進国であるオランダとドイツを訪問した。私がドイツやオランダで見たものは実に明快な自転車の利用環境整備であった。簡単にいってしまえば、放置自転車問題に対しては、大変便利なところによく整備された駐輪施設を作ることで解決していた。歩道上の歩行者と自転車の問題に対しては、自転車レーンや自転車専用道を作ることで歩行者と自転車の分離を行っていた。

日本と欧州の街はともに、狭い地域に自動車と自転車と歩行

アムステルダム駅近くの運河の上に作られた駐輪場

車道がもり上がるハンプは、自動車のスピードを抑える効果がある

者が共存する。問題は、道路をどのように3者に分配するかである。分配の優先順位は、欧州ではまず歩行者、その次に自転車、最後に自動車だ。日本ではまず自動車、次に歩行者、その次に自転車になっている。

両者の違いは交差点でわかる。日本にあるのは歩道橋だ。自動車の通行の邪魔になる歩行者はわざわざ階段をあがらねばならない。私がオランダの街中の小さな交差点で見たものはハンプと呼ばれる車道に作られたコブだ。

歩道は通常、車道より少し高く作られているが、交差点では歩道の高さまで車道を高くしてあった。だから自動車は交差点に入るときスピードを落とす。スピードを落とさないと自動車がバウンドしてしまうからだ。

自転車も車道を通ると同様にバウンドするが、もともとスピードが遅いうえ、サドルからお尻を上げればショックはほとんど来ない。こんなところに歩行者優先の思想がはっきり見える。

旧市街には細い道が多く、自転車レーンを作るときは片側1車線の道を一方通行にして、歩道と自転車レーンを作る。自転車レーンを作ると車が通れないほど狭い道なら、自動車追い抜き禁止の道にして、自転車優先を守るのだ。バス専用レーンを自転車も通行してよいというやり方もあった。

日本が目指すべき自転車社会

では、日本はどんな自転車社会を目指せばいいのだろうか。私は、次のようなことを考える。

①電車と自転車の連携

駅前に集まる大量の自転車は自転車を使ったパーク・アンド・ライドの交通システムであり、日本が本来、世界に誇ってよいものだ。これを正しく発展させることである。便利なところに駐輪場を作り、共用のレンタサイクルで自転車の利用価値を高め、都市に自転車レーンを実現する。

②観光レンタサイクルを発展

世界に誇れる日本の文化財を排ガスから守り、日本の観光産業を発展させるのに自転車は欠かせない。スポーツバイクを観光レンタサイクルに採用して自転車に乗る楽しさおもしろさを体験してもらう。

③自転車通勤の促進

職場までヘルメット着用のスポーツバイクで通勤する文化を育てる。車道や自転車道を走って初めて、自転車の機動性と楽しさがわかる。日本のスポーツサイクルの普及はこの自転車通勤から実現してくるだろう。

自転車を活用した街づくり

北西ヨーロッパの自転車先進国を訪問した人は環境整備、法整備、文化の違いに少なからずショックを受け、何とか日本でこのような自転車社会を実現したいと思うだろう。

しかし素晴らしいのは自転車社会だけではない。大都会ミュンヘンの中心地に近い深い森の中にある広大なイングリッシュガーデンへは、川沿いの緑豊かな散歩道を伝って行ける。70万都市アムステルダムの旧市街では、どこを見ても200～300年前の街並みを維持している。厳しい法律によって外観だけでなく内部にまで当時の様式が市民の合意によって守られている。こうした努力で作られた街の美しさが、世界中から観光客を集め、ビジネスとして成立している。そこに住む人々にもまた精神的な豊かさがある。

ドイツ、オランダの自転車環境や自転車政策だけに目を奪われていると、大切なものを見落としてしまうようである。

北西ヨーロッパ諸国では、なぜ自転車が社会的に認知され、

ミュンヘンの中心部に近いイングリッシュガーデン

アムステルダムの200〜300年前の街並み。そのままの姿で活用されている

活用されているのだろうか？誰もが自転車好きなのだろうか？

街作りのために自転車を認める

そう考えると日本人と北西ヨーロッパ人の違いが明確になってきた。その違いとは「自分の住む街への愛着心」の違いではないだろうか。「自転車が生活の一部」になっている欧州とそうでない日本、という文化の違いが、このような自転車の社会的地位の差になるのか。しかし、欧州人だって自転車に乗らない人は大勢いる。ではなぜあのような政策が実現可能だったのか？

それは「自転車が環境や健康に役立つ道具である」という共通認識があるためではないと思う。そして自分の住む街を大事にする。自分の出身地の文化や歴史に誇りをもつという考え方だと思う。

第2次世界大戦後、日本の街は近代的な街に変わった。しかし欧州の街は、多くの労力と金銭が必要にもかかわらず、昔の街並みを復元する方向を選んだ。その街に住むことに誇りをもち、住みやすい街にする努力を重ねてきた。

そういった街にも1960年代からモータリゼーションの波が押し寄せたが、古い街並みは

アムステルダムの自転車レーンを走る電動車椅子

自動車中心のライフスタイルを受け入れるには無理がある。生活の快適さと、自分の誇れる街を共存させるために何ができるか……。そこで、「自転車を活用する」という市民の合意が形成されたのではないか?

日本も自転車で街づくりを

「自転車が」という主体ではなく、「自転車を」という道具としての活用が欧州の自転車社会形成のモチベーションの基礎であるように思う。そんな考え方は日本にも応用できると考え、私は自転車での街づくりに取り組んでいるが、私の考え方はまだ決して多くの人の賛同を得られていない。それは、自転車という道具に愛着をもつ人が少ないことと、日本における自転車の社会的地位の低さに原因があると思う。だが、街をよくしようと考え活動している市民は多い。

またオランダで、電動車椅子が悠々と自転車レーンを走っているのを見た。人は老いれば必ず自動車を運転できない日を迎える。自立した老後を送りたいと願う人は多いが、バスなどが今以上に整備されるとは考えにくい。そのとき行きたいところへ自分の力で行くには、電動アシスト自転車や電動車椅子が安全・快適に走れる空間が必要だ。

電動車椅子はこれからも増加するだろう。だがその性能に見合う走行空間は今のところどこにもない。自転車を活用するために、駐輪場を整備し自転車レーンを設置することは、これからの高齢社会において人に優しい街を作ることでもあるのだ。

日本独自の自転車文化の創造

自転車競技を代表するものに、１９０３年に始まったフランス一周約４０００㎞を３週間で走るツール・ド・フランスがある。ツール・ド・フランスの勝者は国民的英雄とされ、またツールの最終日はシャンゼリゼ通りを閉鎖してレースを行うほど、フランス国民に支持されている。

自転車の歴史は１８１８年にドイツ人ドライス男爵がペダルのない自転車ドライジーネを発明したときに始まる。

前輪にクランクとペダルを付けるのを発明したピエール・ミショーは１８６０年代にパリに自転車工場を作り、自転車の量産に成功した。

１８６８年にはパリのサンクールで世界最初の自転車レースが行われ、翌１８６９年にはパリ―ルーアン間１３４㎞のロードレースが行われたと記録にある。

フランス人には、「自転車レースは自分たちが始め、発展させてきた」という自信と誇りがあるのだろう。自転車レースは、フランスやイタリアを中心としたヨーロッパのスポーツ文化として定着している。

アメリカの自転車文化

アメリカの自転車文化はＭＴＢ（マウンテンバイク）という〝自転車遊び〟の文化だろう。

19世紀の末頃、自転車は盛んに作られるようになり、日本にも輸出されていたが、20世紀に入るとアメリカの関心は自動車に移り、自動車がアメリカにおける主たる交通手段となった。その結果、自転車は遊び道具として隅に追いやられてしまった。

転機がおとずれたのは１９５０年代のこと。アメリカは第2次世界大戦の戦勝国として繁栄

ヨーロッパの自転車レース文化を代表するツール・ド・フランス

アメリカの自転車文化を代表するマウンテンバイク

し、人々は肉食を好み、自動車で快適な生活を楽しんでいた。そんなとき、大戦の英雄で強健なアイゼンハワー大統領が心臓病で倒れた。治療にあたった心臓病の権威ホワイト博士は、サイクリングを愛好していたので、治療に自転車運動を取り入れた。治療は大成功。アメリカ人は、自転車運動は健康に素晴らしい効果があることを知った。

１９６０年代後半からアメリカで巨大なスポーツ車ブームが起きている。アメリカの自転車生産は１９６０年代の５００万台に比べ、１９７０年代は１０００万台へと大躍進している。広大な国土と豊かな自然に恵ま

ドイツ・ミュンスター駅前にある地下駐輪場ラートスタチオン（自転車ステーション）。日本にこのような施設ができれば、大都市における自転車交通文化として世界に誇れる

れたアメリカ人が自転車で遊び始めたのだ。

サンフランシスコの北の山中に山火事を消すための道がある。１９７０年代半ば、この山道を自転車で駆け下りる若者達が現れる。マウンテンバイクと呼ばれたその自転車は多くの人達の支持を得て世界中に広がった。

日本の自転車文化

それぞれの国の自転車はその国の風土、文化と融合し独自の自転車文化を作ってきた。

日本は公共交通機関が発達し、その運行は世界一の精度を誇っている。そのため、自転車は自宅から最寄り駅までの手軽な交通手段として庶民の生活を支えてきた。日本の８５００万台の自転車の多くはそのためにある。

しかし、日本における自転車の役割はその程度のものではない。自転車を使えば、過密化した日本の都市の限られた空間を最大限に利用できる。しかも、それはうるおいのある健康的で快適な都市生活を約束する。自転車は、排ガスや騒音、渋滞を緩和し、交通事故減少にも役立つばかりでなく、これから日本が世界の先陣を切って突入する超高齢社会における国民の健康を守り、日本独自の自転車文化となりうるはずだ。

自転車通勤ライフ

自転車で自宅から職場まで走る人が増えてきた。多忙な現代人が無理なく続けられる運動が最高の健康スポーツだと考えると、毎日必要な通勤時間を運動の時間に変える自転車通勤に勝るものはないといえる。

私の通勤自転車

私（中村）は学生時代から「自転車通学」をやっており、そこから数えると、「自転車通勤」歴は30年以上になる。

今の家に引っ越したのは1985年末だ。自転車通勤を考え、会社からの距離は15～20㎞で、自転車が走りやすい道のある方向に家を探した。まず公団の土地を買い、家を建てた。妻が台所のシステムキッチンに目を奪われている隙に私は自転車置場用に、日当たりの一番良い場所を確保した。アルミサッシのガラス戸を通して日光が射し込み、タイヤを傷めるのは誤算だったが。今はそこに7～8台を収容している。

私が自転車通勤に使っている自転車は5台である。一番多く使うのはランプ付きロードバイク2台であり、サスペンションのないフルリジッドのＭＴＢと雨天通勤用に泥除け付きのサイクリング車を2台使用している。5台も必要ないといえば必要ないが、日本の天候は常に雨対策が必要だし、朝にパンクを発見してあわてる事態になることを減らせる。他にツーリング用フルサスＭＴＢやレース用ロードバイクがあって7台ほどは常時使用できるようにしている。

自転車通勤5つの関門

自転車通勤に5つの関門があるとすれば、①職場や家族の理解、②通勤バイクの保管、③交通事故、④雨、⑤汗だろう。

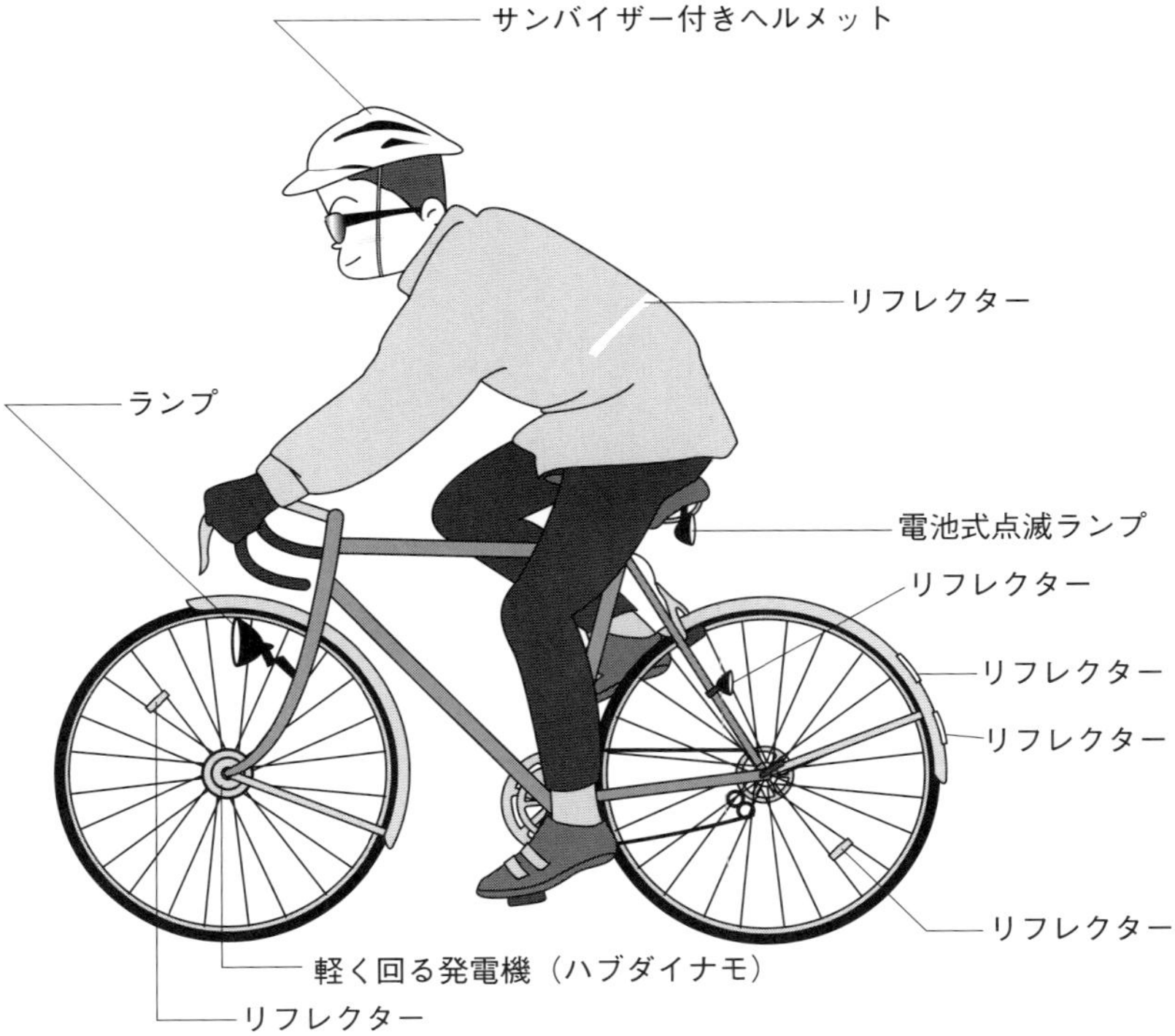

①自転車通勤による交通事故を心配する家族や上司がいてもおかしくはない。

社内規定で自転車通勤を禁止している会社もあるかもしれない。

社内規定を破ることはできないが、自宅から駅までの自転車利用までは禁止していないだろう。自宅からサイクリング道を使った最寄り駅という方法はどうだろう。多少遠回りになっても駅の近くのスポーツジムなどを使って着替えることができるかもしれないし、自転車を保管する場所があるかもしれない。雨が降れば電車で帰宅し、休日にそこまで車で行って、自転車を持ち帰るなどの融通がきけばいうことなしだ。

家族には、経済的メリットを説くのも一つの方法だが、これからの健康や環境保全を前に出して説得するのもよいだろう。

②大事な通勤バイクを盗難から守る駐輪場所を探し、頑丈な錠をかけよう。

自転車の保管は直射日光があたらないところがよい。雨風をしのげる場所であることはもちろんだ。自転車の最大の敵は錆。とくにチェーンは錆びやすいので、油やグリスで守っておきたい。

高級なスポーツバイクは目立つところに置くべきではない。盗まれることも珍しくないからだ。一般の人から見えない場所に保管したい。錠は自転車を置く場所が決まっていれば持ち歩く必要がなくなる。

スポーツバイクは軽くて持ち運びが容易なうえに、車輪の固定がクイックレリーズで行われているので、レバーを立てるだけで簡単に車輪を外せる。それが盗難を簡単なものにしている。錠は車輪に通すだけでなく、車体と車輪、車体と柵などとも結んで施錠しよう。

③交通事故は相手の不注意もあるが、やり方ひとつでほとんど防げるだろう。

まず自転車が走りやすい道を探そう。車が少なく、横から車が出てこない川沿い、線路沿いなどがねらい目だ。次にドライバーに自転車が走っていることを知らせる努力が必要だ。派手な服装をしたり、夜間のランプやリフレクターを付ければ、ドライバーが認識してくれる割合が高くなる。私は前方を照らすハブダイナモとランプ、サドル下の点滅ランプ、さらに光を反射するテープを身につけている。

また周囲に目を配り、前や横の車が左折する可能性について常に考え、左から出てくる車や対向する右折車や信号、歩行者、電柱等々に注意を配る。これも判断力を養うスキルのひとつだ。車道か歩道を選択するとしたら私は基本的に車道を走る。これは私の常用スピードが30～40㎞／時であるためだ。しかし歩行者が少なく交通量が多いと歩道を選択するなど臨機応変に対応する。

車との事故で痛い目にあうのは自転車だから、相手が１００％悪くても事故を避ける用心が必要だ。自分の身は自分で守るしかない。そのためヘルメットも常に着用する。

④雨天では泥よけ付きの自転車を使い、黄色いゴアテックスのジャケットを着用する。雨の日はブレーキの性能が落ちる。そのためスピードは平日の60～70％くらいにし、車間距離も十分にとる。時間に余裕をもって走り出せば心にも余裕をもてる。目に降りかかる雨は前を見にくくするので、ひさしのついたヘルメットか帽子をヘルメットの下に着用するとよい。

それでも雨の夜は、ドライバーからサイクリストは見えないと思ってよい。私は自転車に乗らず自動車か交通機関を使う。次の朝どうするって？　自転車を何台も持っているのはそのためでもある。

⑤雨や汗に濡れた体は素早く処理したい。

体が冷えないうちに汗を処理しよう。職場にはシャワーがない。私は洗面所で頭から水をかぶり、お腹を冷やさないために当てていたタオルで頭をふく。そして濡れタオルを作ってロッカールームで体をふく。靴下以外はすべて着替える。着替えは週に1回リュックで運ぶか車を使うときにワイシャツ等と一緒に運んでおく。背広はロッカーに常備している。

一番処理に困るのは雨に濡れたシューズだ。靴からインナーソールを出して乾かし、シューズには乾いた新聞紙を詰め込めば、何とか夕方には履くことが可能になる。

自転車用シューズはたいてい人工皮革で出来ているので扱いは本当に楽になった。

■著者紹介

丹羽隆志（にわ・たかし）
1966年生まれ。大学サイクリングクラブへの入部をきっかけにサイクリングを始め、日本のあちこちを走行。1987年のチベット遠征でMTBに出合い、90年代前半はアメリカ・モンタナ州でガイドなどを経験。その後もアジア各地やアフリカ、中東などに轍を残す。主宰する自転車ツアー、やまみちアドベンチャー（http://www.yamamichi.jp）では、MTBツアーや、都心の魅力を再発見する東京シティライド、フィットネスライドなどで、自らガイドしている。東京近郊で開催。『東京周辺自転車散歩』『大阪神戸周辺自転車散歩』（ともに山と渓谷社）など著書多数。

中村博司（なかむら・ひろし）
1948年生まれ。自転車博物館サイクルセンター事務局長、学芸員。立命館大学在学中の1970年に全日本選手権ロードレース優勝。1972年㈱島野工業（現・㈱シマノ）入社。1973年にはプロチームのメカニックとしてツール・ド・フランス等に参加。大阪、読売、朝日、日経、京都新聞などに連載記事を執筆、NHKテレビ「おしゃれ工房」講師を担当するなど、普及活動にも力を注ぐ。2003年より堺自転車環境共生まちづくり企画運営委員会副委員長。毎日往復30kmの自転車通勤を20年継続している。

大人のための自転車入門

2005年9月15日　1版1刷

著　者　丹羽　隆志　ⓒTakashi Niwa, 2005
　　　　中村　博司　ⓒHiroshi Nakamura, 2005
発行者　小林　俊太
発行所　日本経済新聞社
〒100-8066　東京都千代田区大手町 1-9-5
［URL］ http://www.nikkei.co.jp/
電　話　(03) 3270-0251
振　替　00130-7-555
印刷・製本　錦明印刷
DTP組版　MAD

Printed in Japan　ISBN4-532-16525-3
読後のご感想を弊社ウェブサイトにお寄せください。
http://www.nikkei-bookdirect.com/kansou.html